Meisterschaft!
Handwerk und Hightech

Herausgegeben von der Handwerkskammer Koblenz
und dem Landesmuseum Koblenz

Veröffentlichungen des Landesmuseums Koblenz
Reihe B, Einzelveröffentlichungen, Band 69

Redaktion Christopher Oestereich, Cornelia Schmitz-Groll, Brigitte Schmutzler
Gestaltung Petra Minn, Mainz
Produktion Druckerei Hachenburg GmbH, Mittelrhein Verlag
Verlag Selbstverlag des Landesmuseums Koblenz
© **für die Texte** Handwerkskammer Koblenz,
Landesmuseum Koblenz sowie die Autoren
© **für die Fotografien** siehe Abbildungsverzeichnis
ISBN 3-925915-69-9

Abbildungen
Umschlag vorne: Marsroboter „Scorpion", der von der Firma
R & W MASCHINENBAU GMBH im Auftrag der Universität Bremen,
DFKI Labor Bremen, Robotics Lab entwickelt wird
(Fotograf: Werner Baumann, Fotograf Hand: Thomas Brenner)
Umschlag hinten: Anstecknadel von Claudia Adam

Begleitpublikation zur gleichnamigen Ausstellung
im Landesmuseum Koblenz

1. Auflage 2006

Gedruckt mit finanzieller Unterstützung
der Stiftung Rheinland-Pfalz für Kultur

Medienpartner:

Inhalt

Geleitwort Kurt Beck **5**

Vorwort Thomas Metz **7**

Einführung Karl-Heinz Scherhag | Karl-Jürgen Wilbert
Meisterschaft im Handwerk: Innovationen in unserem Land **9**

Begegnungen auf der Festung Karl-Jürgen Wilbert **13**

Aufsätze Teil 1

Brigitte Schmutzler
Handwerk und Hightech – Ein Blick zurück und ins Museum **19**

Petra Habrock-Henrich
Der dornige Weg zum „staatstragenden Mittelstand"
Handwerk und Politik im späten 19. Jahrhundert **31**

Jörg Liegmann
Die Deutsche Handwerksordnung im 20. und 21. Jahrhundert
Ein rechtsgeschichtlicher Überblick **41**

Barbara Lorig | Irmgard Frank
„Übung macht den Meister"
Zum Wandel der handwerklichen Berufsqualifikation **53**

Martin Twardy
Entwicklungen und Innovationen in Aus- und Weiterbildung im Handwerk **65**

Friedrich-Hubert Esser | Beate Kramer
Handwerk und Cyberspace: Internet, E-Learning, neue Medien **77**

Jörg Diester | Petra Habrock-Henrich | Christopher Oestereich
Hightech und innovative Gestaltung
Betriebe im Bezirk der Handwerkskammer Koblenz **87**

Aufsätze Teil 2

Heino Nau
Das Handwerk und die Wirtschaftspolitik der Europäischen Kommission **141**

Klaus Müller
Deutsche Handwerksbetriebe im europäischen Ausland **151**

Rangel Tcholakov
Das Handwerk auf dem Balkan und die Handwerkskammer Koblenz **161**

Bernd Kütscher
Eifel-Stollen in aller Munde
Erfolgsrezept: solides Handwerk und modernes Marketing **167**

Friedhelm Fischer
Handwerk und technologische Entwicklung
Durch Forschungskooperationen die Innovations-
und Wettbewerbsfähigkeit verbessern **171**

Udo Albrecht | Friedhelm Fischer
Einstein gab den Anstoß
Optische Technologien bestimmen im 21. Jahrhundert
die Entwicklung von Wissenschaft und Wirtschaft **185**

Christopher Oestereich
Gestaltung und Innovation im Handwerk
Eine historische Betrachtung **197**

Autorinnen und Autoren **209**

Abbildungsnachweis **213**

Kurt Beck | Ministerpräsident von Rheinland-Pfalz

Geleitwort

Handwerk und Hightech – ein Widerspruch? Es ist kein Widerspruch im nördlichen Rheinland-Pfalz, wie der vorliegende Band und die dazu gehörige Ausstellung „Meisterschaft!" im Landesmuseum Koblenz beweisen.

Besonders im Produktionsbereich Handwerk greifen Tradition und Spitzentechnologie selbstverständlich ineinander. In den für das Handwerk typisch mittelständischen Betrieben herrscht die notwendige Flexibilität für technische Neuerungen und kundengerechte Anpassungen sowie für den erfolgreichen Einsatz moderner Kommunikationsmedien. Die Landesregierung von Rheinland-Pfalz fördert in vielfältiger Weise diesen Prozess. Darüber hinaus werden im Handwerk verantwortungsbewusst dringend erforderliche Ausbildungsplätze und neue zukunftsweisende Berufsfelder geschaffen. Ich nenne nur ein Beispiel: Der erste deutschlandweit ausgebildete Mechatroniker kommt aus einem Handwerksbetrieb in der Nähe von Neuwied. Die Handwerkskammer Koblenz begleitet ihre 18.500 Betriebe kompetent, besonders auch in allen Fragen moderner Technologien und Fertigung. Zunehmend kooperieren Handwerker mit Hochschulen und Forschungseinrichtungen; sie entwickeln Prototypen und sind Zulieferer für Industrieunternehmen.

Dieser Begleitband und die von der Handwerkskammer und dem Landesmuseum erarbeitete Ausstellung widmen sich der Zukunft des Handwerks.

Ein wichtiger Anlass für das Projekt ist der 50. Geburtstag, den das Landesmuseum Koblenz in diesem Jahr feiern kann und zu dem ich herzlich gratuliere! Es ist unser einziges technikhistorisches Landesmuseum in Rheinland-Pfalz, das in seinen Sammlungen viele Objekte beherbergt, die handwerklicher Fertigung entstammen. Von daher ist es kein Zufall, dass Landesmuseum und Handwerkskammer Koblenz seit mehr als 30 Jahren immer wieder gemeinsame Wege beschreiten und jetzt den Fokus auf die Zukunft des Handwerks richten. Dies ist beispielhaft für das Handwerk über die Landesgrenzen hinweg.

Ich freue mich, dass mit der Förderung durch die Stiftung Rheinland-Pfalz für Kultur erneut ein großes Ausstellungsprojekt realisiert werden konnte. Es gibt im nördlichen Rheinland-Pfalz eine Vielzahl traditioneller wie neuer Handwerksunternehmen mit ungewöhnlichen Produkten und besonderen Herstellungsverfahren, mit modernen Kommunikations- und Vertriebsstrukturen.

Sie sind es wert, einer breiteren Öffentlichkeit vorgestellt zu werden. Ich wünsche mir, dass viele Besucherinnen und Besucher die mit der Ausstellung „Meisterschaft!" geschaffene Plattform nutzen werden.

Thomas Metz | Direktor des Landesmuseums Koblenz

Vorwort

Die Beiträge im vorliegenden Begleitband zur Ausstellung „Meisterschaft! Handwerk und Hightech" liefern Basiswissen und Hintergrundinformationen, die im Medium Ausstellung nicht den ihnen gebührenden Platz finden können. Sie vermitteln einen Eindruck von den umwälzenden Veränderungen, die das Handwerk – nicht erst seit heute – zu bestehen hat, und von der nach wie vor großen Wirtschaftskraft, die in mittelständischen Betrieben des Handwerks zu Hause ist.

Rheinland-Pfalz wird gerne als das Land von „Weck, Woi und Worscht" gesehen, wobei interessanterweise in dieser nicht immer schmeichelhaften Sichtweise bereits zwei typische Handwerksberufe zum Tragen kommen. Dass aber nicht nur der Bäcker und der Fleischer oder die Friseurin und die Schneiderin handwerkliche Berufe ausüben, sondern dass – von der Öffentlichkeit relativ unbeachtet – Respekt heischende Innovationen aus der Region Mittelrhein kommen, die dem landläufigen Verständnis nach nicht sofort unter Handwerk zu rubrizieren sind, möchte die Ausstellung im Landesmuseum Koblenz vermitteln.

Exemplarisch ausgewählte Handwerksbetriebe, die gegenwärtig technische Spitzenleistungen produzieren, stehen im Zentrum der Ausstellung und dieser Publikation. Der Marsroboter auf dem Buchdeckel steht pars pro toto – er versinnbildlicht das, was modernes, leistungsstarkes Handwerk heute hervorbringen kann. Die historische Ergänzung findet sich im Sammlungsbestand des Landesmuseums Koblenz, der vor Augen führt, dass auch in früheren Epochen technische Neuerungen von experimentierfreudigen, Risiken nicht scheuenden Handwerkern stammen.

Themenfindung und Realisierung von Ausstellung und Begleitband sind entstanden in enger, vertrauensvoller Zusammenarbeit zwischen Landesmuseum Koblenz und Handwerkskammer Koblenz. Für mich persönlich waren die Gespräche mit Karl-Jürgen Wilbert, dem Hauptgeschäftsführer der hiesigen Kammer, immer höchst anregend. Die Stiftung Rheinland-Pfalz für Kultur hat das Projekt großzügig mitfinanziert – ihr gilt mein besonderer Dank!

Den Autoren und Autorinnen des Begleitbandes, den an der Ausstellung beteiligten Betrieben und allen Mitarbeiterinnen und Mitarbeitern danke ich für ihren Einsatz. Seitens des Landesmuseums Koblenz war Brigitte Schmutzler M.A. als erfahrene Museumsfrau verantwortlich für Ausstellung und Publikationen; ihr sei stellvertretend für alle Mitwirkenden gedankt.

Karl-Heinz Scherhag | Präsident der
Handwerkskammer Koblenz

Dr. h. c. mult. Karl-Jürgen Wilbert | Hauptgeschäftsführer der Handwerkskammer Koblenz

Einführung

Meisterschaft im Handwerk: Innovationen in unserem Land

Mut zu neuem Denken, Faszination neuer Möglichkeiten in der Technik, Aufgeschlossenheit für moderne Unternehmensführung, Wille und Kompetenz für verbesserte Lösungen – mit diesen Fähigkeiten bewältigt das Handwerk die Herausforderungen der Zeit, in der Vergangenheit ebenso wie in der Moderne globaler Märkte und neuer Kommunikationsmedien. Grundprinzip hierfür ist die Meisterqualifikation des Handwerks. Die fachliche und unternehmerische Meisterschaft des Handwerks schafft Wettbewerbsfähigkeit auch unter sich verändernden technischen und wirtschaftlichen Bedingungen, für den einzelnen Betrieb wie für das Handwerk insgesamt. Meisterschaft des Handwerks ist dynamisch wie das Handwerk selbst – auch wenn Traditionen und Werte im Handwerk dabei nicht aus dem Auge verloren gehen dürfen.

„Meisterschaft!", die Ausstellung, die die Handwerkskammer Koblenz zusammen mit dem Landesmuseum Koblenz entwickeln und verwirklichen konnte, zielt darauf, die Innovationskraft des Handwerks und seine Ausstrahlung auf Wirtschaft und Technik, auf Beschäftigung, Gestaltung und Gesellschaft zu verdeutlichen.

Meisterschaft im Handwerk steht für umfassende Fach- und Unternehmerkompetenz. Sie fördert im besten Schumpeterschen Sinne schöpferisch-kritisches Hinterfragen des Bestehenden, um es durch verbesserte Angebote zu ersetzen, um innovativ zu sein. Dies bestimmt die Zukunftsfähigkeit der einzelnen Betriebe und das moderne Gesicht des Handwerks. Neue technische Verfahren, Produkte und Dienstleistungen gehören hier ebenso dazu wie kreative Lösungen am Markt mit neuen Einkaufs- und Vertriebsformen sowie neuen Kommunikationstechniken.

Die innovative Meisterschaft von Handwerk findet sich in der gesamten Leistungskette eines Betriebes. Neue technische Regelungen und industrielle Produkte, geänderte Anforderungen von Kunden, moderne Materialien und Verfahren werden von Handwerksbetrieben als Herausforderungen aufgenommen und als Chance für innovative Lösungen und Märkte verstanden. Überzeugende betriebliche Innovationen und brillante Leistungen machen die Meisterschaft aus.

Spezielle Lösungen mit neuen Materialien wie beispielsweise Keramik zum Schneiden, Carbon für den Fahrzeugbau und Medizingeräte oder Kunststoff in der Großfördertechnik sind im Handwerk ebenso anzutreffen wie moderne Materialbearbeitung mit Laser und Wasserstrahlschneiden. Mit Anlagen alternativer Energiegewinnung oder mit hochpräzisen Maschinen sind Handwerksbetriebe aus Rheinland-Pfalz in der Welt zu Hause. Und wenn es etwas mehr als „von der Stange" sein darf, sorgen die Tischler für passendes Interieur.

Die gezielte Hinführung zum meisterlichen Unternehmertum des Handwerks ist für erfolgreiche Existenzgründung und Selbständigkeit beispielgebend. Die Breite handwerklicher Meisterschaft ermöglicht solide Betriebe und stabile Beschäftigung. Hiervon profitieren wir alle. Gerade Rheinland-Pfalz ist durch mittelständische Unternehmen wie die des Handwerks geprägt. Damit fährt das Land seit Jahren gut. Meisterschaft des Handwerks schafft Zukunftsfähigkeit für Betriebe und Beschäftigte in unserem Lande.

Mit dieser Meister-Kompetenz ist das Handwerk im Norden von Rheinland-Pfalz ein wichtiger Pfeiler für Wirtschaft, Berufsbildung und Beschäftigung, aber auch ein sachverständiger Gestalter unserer Gegenwartskultur. Mit gut 12 Prozent des Bruttoinlandsproduktes in Rheinland-Pfalz, rund 20 Prozent aller Beschäftigten und einer Ausbildungsleistung von etwa einem Drittel aller Lehrlinge prägt das Handwerk unsere Region. Meisterschaft im Handwerk steht für Berufsbildung junger Menschen und für ihren Übergang in Beruf und Beschäftigung.

Das Prinzip von Meisterschaft und Mittelstand haben verschiedene junge Staaten in Europa und darüber hinaus bewusst aufgenommen. Meisterqualifizierung und ein Berufsbildungssystem tragen dort mehr und mehr Früchte.

Das Handwerk im Norden von Rheinland-Pfalz unterstützt dies seit einigen Jahren und diese Partnerschaften wirken sich für das Handwerk auch hierzulande doppelt erfolgreich aus: Ein volkswirtschaftlicher Kreislauf ist nur unter Marktpartnern möglich. Die Aufgeschlossenheit, mit der in den jungen EU-Mitgliedsländern die Meisterschaft aufgenommen wird, stimmt zuversichtlich, dass sie in Europa ihren Stellenwert halten und ausbauen kann.

Innovationen brauchen strategische Partner. Wichtige Partner für Innovationen im Handwerk stellen Hochschulen und Einrichtungen der Anwendungsforschung und Entwicklung dar. Zusammen mit den Netzwerken der Bildungs-, Technologie- und Kompetenzzentren des Handwerks wird aus Wissen Können, aus Kompetenzen Beschäftigung. Das Handwerk im Norden von Rheinland-Pfalz setzt mehr denn je auf die Hochschulen und Forschungsprojekte, wie es sie beispielsweise mit der Universität in Koblenz und der Fachhochschule Koblenz umsetzt. Hier zeigt sich, dass auch die Hochschulen im Norden von Rheinland-Pfalz aktiv mitgestalten. In den kommenden Jahren wird es wichtig sein, die berufliche Bildung des Handwerks von der Lehre bis zur Meisterprüfung noch stärker mit Hochschulstudiengängen zu verknüpfen. Rheinland-Pfalz ist hierzu auf einem guten Wege.

Innovationen erfolgen nicht in einem luftleeren Raum. Finanzierung, steuerliche und Bürokratiebestimmungen, Arbeitsmarkt und Umweltregelungen bestimmen den Rahmen für die Umsetzung innovativer Ideen bei Produkten und Dienstleistungen am Markt. Eine mittelstandsfreundliche Wirtschaftspolitik, wie sie sich in Rheinland-Pfalz bewährt hat, schafft für Innovationen die nötigen Grundlagen und Freiräume. Die Politik in Rheinland-Pfalz hat die Leistungen des Handwerks für unser Land stets anerkannt. Ein Dank auch an das Ministerium für Wissenschaft, Weiterbildung, Forschung und Kultur und die Stiftung Rheinland-Pfalz für Kultur, ohne deren Unterstützung Ausstellung und Begleitband auf ihrem hohen Niveau nicht möglich wären. Mit dem neuen Projekt „Meisterschaft!" beginnt zugleich eine längere Präsentation des Handwerks mit dem und im Landesmuseum Koblenz. Sie zeigt, dass mit der Meisterschaft des Handwerks die Zukunft täglich neu beginnt.

Den Besuchern der Ausstellung und den Lesern des Begleitbandes wünschen wir interessante Einblicke in Techniken und Leistungen des Handwerks von heute für morgen. Lassen Sie sich von dem faszinieren, was innovatives Handwerk ausmacht. Viel Spaß bei spannenden Begegnungen mit der Meisterschaft des Handwerks.

Karl-Jürgen Wilbert

Begegnungen auf der Festung

Die Dimension dieser Ausstellung an einem der bekanntesten Orte Europas, die besondere Partnerschaft der beiden Veranstalter, aus der sie entstanden ist, die Mitwirkung der Medien, insbesondere der Rhein-Zeitung und des SWR-Fernsehens, sowie die starke Beteiligung der rheinland-pfälzischen Landesregierung mögen es mir gestatten, ein paar ergänzende Anmerkungen zu machen. Zugegeben, mit Blick auf den eigenen Kalender und die Zeitabläufe mit einer gewissen Nachdenklichkeit.

Die persönliche Form der Entstehung und Entwicklung dieser und einer Reihe von vorausgegangenen bemerkenswerten Ausstellungen in den letzten drei Jahrzehnten in der Kooperation von Landesmuseum und Handwerkskammer Koblenz verdient es, hier als Ergänzung zu den offiziellen Einführungen dieses Ausstellungsbuches festgehalten zu werden. Allein schon die von Brigitte Schmutzler auch zu dieser Ausstellung vorgelegte hervorragende Dokumentation, die volle Anerkennung verdient, verstärkt diesen Wunsch.

Natürlich entspricht es dem Charakter dieses Museums, der technischen Tradition und Vielfalt im Land Ausstellungen zu widmen. Selbstverständlich muss dabei das Handwerk in seiner lebensnahen Orientierung an den materiellen und kulturellen Bedürfnissen der Menschen in der Region auch eine Rolle spielen. Aber ob dies so oder so ausgestaltet wird, ob der Blick mehr in die Richtung der industriellen Entwicklung und Erneuerung geht oder ob auch gezeigt wird, was in kleinen und mittleren Betrieben des Handwerks entwickelt, gestaltet und angeboten wird, ist eine Frage der persönlichen Zielsetzung der Museumsführung. Erfreulicherweise steht das Landesmuseum Koblenz dafür, Handwerk im volkswirtschaftlichen Kreislauf im Tableau seiner Präsentationen sichtbar und erlebbar zu machen. Dabei geht es sinnvollerweise nicht nach dem Umfang des Beitrages zum Bruttosozialprodukt unseres Landes, der hat auch hier eine überschaubare Größenordnung, sondern die Ausstellungen dokumentieren und bewerten die Impulse, die von diesem quirligen, farbigen und vielseitigen Wirtschaftsbereich ausgehen. Die Ausstellungen auf der Festung fangen Strömungen ein.

Und solche Unternehmungen entstehen nicht aus sich heraus, sondern werden von Menschen konzipiert und in Szene gesetzt. Ich denke daher gerne an viele Begegnungen mit dem früheren Leiter Dr. Ulrich Löber. Und es gehört sich, in diesem Zusammenhang die große Ausstellung „2000 Jahre Handwerk am

Mittelrhein" im Jahre 1992 zu erwähnen. Sie wurde von einer zehnbändigen Dokumentation begleitet – auch hier schon mit besonderem Sachverstand von Brigitte Schmutzler betreut. Die Ausstellung damals ist den vielfältigen Facetten handwerklichen Schaffens in der Region nachgegangen. Sie wirkt noch heute nach.

Natürlich erinnere ich mich an die Ausstellung „Seltenes Handwerk" im Jahre 2001, eines der ersten Ausstellungsprojekte, das Thomas Metz in Koblenz mit auf den Weg gebracht hat und mit dem er ganz bewusst ein besonderes Schlaglicht auf das Handwerk und die Handwerkskammer Koblenz geworfen hat. Ich freue mich, dass die Begegnungen mit ihm zu einer freundlichen Regelmäßigkeit geworden sind.

Die Ausstellung „Meisterschaft!" baut ganz auf dem auf, was gemeinsam entwickelt und in all den Jahren zusammengetragen wurde. Wir wollen dieses Mal den Blick in und auf die Zukunft richten und sichtbar machen, was aus dem Handwerk, das sich über Jahrhunderte entwickelt hat, geworden ist. Wir wollen nachspüren, welche Impulse von dem kleineren, oft kaum bekannten Betrieb, von seinen Meistern und den mitarbeitenden Familienangehörigen, seinen Gesellen und seinen Lehrlingen für unsere Region und darüber hinaus ausgehen. Dies reicht von Projekten für die Raumfahrt bis zu dem Ring, der die Attraktivität seiner Trägerin erhöht. Die Facetten der Ausstellung gehen von der Innovation im Automobilbau oder der weltweit einzigartigen Bearbeitung von Metallen und Materialien bis zum Musikinstrument. Für uns alle gehören wie selbstverständlich der Bäcker, der Konditor und der Fleischer um die Ecke dazu, die für uns ein Stück Lebensqualität sind. Sie sind in das Rahmenprogramm eingebunden. Und dies alles vor dem Hintergrund der Meisterprüfung, die nach wie vor Ideal und Ziel für einen jungen Handwerker ist. Der Titel „Meisterschaft!" wird daher auch zum Bekenntnis zu klassischen, weil bewährten Bildungsformen mit neuen Inhalten.

Die Ausstellung auf der Festung geht einher mit der nahezu zeitgleichen Fertigstellung des vom Bund, Bundesinstitut für Berufsbildung und Land (Wirtschaftsministerium) mitgetragenen neuen Kompetenzzentrums für Gestaltung, Fertigung und Kommunikation der Handwerkskammer Koblenz, das im November 2006 seine Arbeit aufnehmen wird. Bei diesem Kompetenzzentrum des Handwerks wird sich alles um neue Kommunikationsformen, Innovationen und Entwicklungen, traditionelles Arbeiten mit modernen Techniken drehen. Es geht dort wie hier in der Schau auf der Festung um den Computer als Hilfsmittel zur Gestaltung wie zur Fertigung; es geht um das, was seit Generationen und bis heute mit zum Teil traditionellen Werkzeugen gemacht wurde und wird.

Es wird auch in Zukunft immer wieder darauf ankommen, Kopf und Hand der Menschen, die den Computer oder die traditionellen Werkzeuge bedienen, mit der technischen Entwicklung vertraut zu machen und Qualifikationen wachsen zu lassen. Es geht um moderne Meisterschaft im Handwerk und in der Gesellschaft. Wir haben eine Standleitung eingerichtet, um die im Jahr 2006 modernste Bildungsstätte Deutschlands in diese Ausstellung mit einzubeziehen.

Mit dieser besonderen Ausstellung wird auch sichtbar, dass Handwerk als wichtiger, vielleicht sogar als wichtigster Teil des Mittelstandes eine besondere Lebensphilosophie spiegelt. Mittelstand heißt nicht Mittelmaß, sondern heißt Höchstleistung, Spezialistentum und Sachverstand. Handwerk ist das Angebot, in besonderen Bereichen der Wirtschaft, der Kultur wie der Gesellschaft wichtige Themen zu besetzen, sie zu entwickeln und zu beherrschen. Dies geht mit Erfahrung und Intelligenz, gedanklicher wie schöpferischer Tiefe und Fantasie einher. Bei allen Berührungen von Industrie und Handwerk ist es ein Unterschied, ob konkret für den Einzelnen und damit für einen überschaubaren Markt mit seinen Bedürfnissen gefertigt wird oder ob mit Serienfertigung der anonyme Markt bedient und somit das Individuum in den Hintergrund gedrängt wird. Die handwerkliche Spitzenleistung unterscheidet sich damit von der industriellen nach wie vor durch ihren Produktionsansatz. Im Übrigen ist dies, auch volkswirtschaftlich gesehen, die Rechtfertigung für unterschiedliche Wirtschaftskammern und damit für eine plurale Wirtschaftsverfassung in Deutschland, um die uns viele Partner im Ausland beneiden.

Eine moderne, auf vielfältige Bedürfnisse ausgerichtete Wirtschaft bedarf beider Komponenten: die des individuellen Angebotes des Handwerks wie die der Serie der Industrie. Ich gestehe gerne, dass diese unterschiedlichen Aspekte wirtschaftlichen Wirkens mich immer wieder fasziniert haben, und ich bin froh darüber, dass diese gedanklichen Ansätze auch die Gespräche mit den Leuten auf der Festung Ehrenbreitstein stets mitbestimmt haben. Ausstellungen, die bewundernswert von den Mitarbeitern im Landesmuseum und in der Handwerkskammer Koblenz getragen und gestaltet werden.

Dass diese Ausstellung „Meisterschaft!" auch gleichzeitig der Startschuss sein wird für eine ständige Präsentation im Landesmuseum, eine Präsentation des immer spannenden wie liebenswerten Handwerks – denn es sind die Handwerker, die Menschen, die dahinter stehen und es gestalten – ist ein besonderes Geschenk und Angebot des Landes und hier vor allem des Kultusministeriums an die Wirtschaft und die Region, an die jungen Leute, die sich informieren sollen, an die vielen hunderttausend Besucher der Festung gegenüber vom Deutschen Eck. Und ich sage dies alles mit einem besonderen Dank an Thomas Metz.

Aufsätze Teil 1

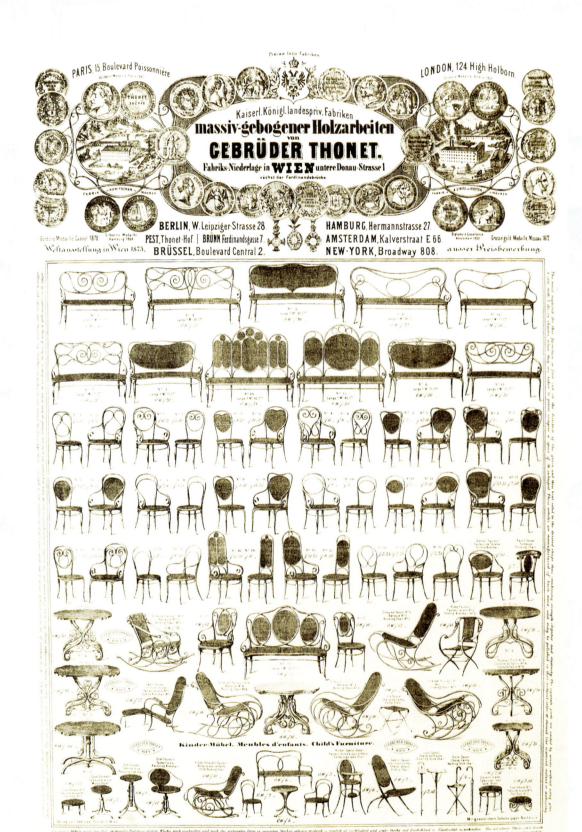

Thonet-Werbe- und Verkaufsplakat, 1873

Brigitte Schmutzler

Handwerk und Hightech – Ein Blick zurück und ins Museum

Das Landesmuseum Koblenz zählt als das technikhistorische Landesmuseum in Rheinland-Pfalz zu seinen Sammlungsbeständen eine Reihe von Objekten, die entweder direkt handwerklicher Fertigung zu verdanken sind, deren Erfinder und Konstrukteure selbst einem Handwerksbetrieb entstammen oder am Beginn ihrer Berufslaufbahn eine Handwerkslehre absolviert haben. Nicht selten dokumentieren diese Objekte aus der zweiten Hälfte des 19. und den ersten Jahrzehnten des 20. Jahrhunderts den Übergang von handwerklicher Einzel- oder Kleinserienfertigung hin zur industriellen Massenproduktion. Was sie für das Ausstellungsthema „Meisterschaft!" interessant macht, ist die Tatsache, dass sie in ihrer Entstehungszeit zur Speerspitze der technischen Entwicklung zählen, in Materialverarbeitung und Werkzeugentwicklung, Gestaltung und Absatzstrategien neue Wege aufzeigen und ihren Herstellern ein beträchtliches Maß an Innovationskraft und Durchsetzungsvermögen abverlangt haben.

Dies gilt auch für das Medium der Fotografie, das seit Beginn der 1990er Jahre im Landesmuseum Koblenz in der kontinuierlich erweiterten Landessammlung zur Geschichte der Fotografie in Rheinland-Pfalz den ihm gebührenden Platz gefunden hat. Aus dem Fundus dieser Landessammlung zeigt das Museum regelmäßig Sonderausstellungen zum Oeuvre herausragender Fotografen wie zum Beispiel in letzter Zeit von Max Jacoby oder Toni Schneiders und zu bestimmten Themenstellungen wie etwa über die Rheinromantik. Es gilt in besonderer Weise für den Möbel- und Fahrzeugbau, für die Herstellung von Musikinstrumenten, Näh- und Schreibmaschinen, lackierten Blechwaren, Zinngeschirr und Zinnfiguren oder Druckerzeugnissen – Objektgruppen und Themenstellungen, die im Landesmuseum Koblenz zu Hause sind. Berühmte Konstrukteure aus Rheinland-Pfalz kommen häufig vom Handwerk her und bedienen sich handwerklicher Arbeitstechniken, auch wenn sie später den Schritt zur industriellen Serienfertigung vollziehen: sei es als gelernter Mechaniker, wie Franz Xaver Wagner, der in die USA auswandert und dort das sog. Wagner-Getriebe für die mechanische Schreibmaschine erfindet; sei es als Techniker und Ingenieur, wie der Automobilkonstrukteur August Horch aus Winningen, der seine Karriere mit dem Erlernen des Schmiedehandwerks beginnt. Gleiches gilt für Georg Michael Pfaff, ursprünglich Musikinstrumentenmacher und später Begründer des international bekannten Nähmaschinen-Unternehmens in Kaiserslautern. Und schließlich sei der Möbelbauer Michael Thonet genannt, dessen legendärer Aufstieg in Wien mit einer Schreinerlehre in Boppard beginnt. Der Erfolg dieser Männer basiert auf handwerklichen Kenntnissen, gepaart mit gestalterischen Fähigkeiten, neuen Vermarktungsansätzen und ökonomischer Risikobereitschaft.

Handwerkliche Erzeugnisse und Dienstleistungen begleiten uns ein Leben lang und sie begleiten die Geschichte unserer Spezies von den ersten Anfängen bis in die Gegenwart. Die frühesten archäologischen Zeugnisse aus dem Norden unseres heutigen Bundeslandes Rheinland-Pfalz weisen bereits eindeutige Spuren handwerklicher Bearbeitung auf, was sich in der 2003 eröffneten Dauerausstellung „Geborgene Schätze. Archäologie an Mittelrhein und Mosel" im Landesmuseum Koblenz nachvollziehen lässt. Handwerk hat sich im Laufe der Jahrtausende differenziert und spezialisiert, hat neue Berufe, Fertigungstechniken und Produkte hervorgebracht und sich von veralteten verabschiedet. Dieser Prozess ist entscheidend für das Überleben des Handwerks und er bestimmt zu Beginn des 21. Jahrhunderts, welche Sparten eine Zukunft haben.

Der „Bopparder Stuhl" von Michael Thonet, um 1840

Zur Ausstellung

Der Zukunftsfähigkeit handwerklicher Leistung widmet sich die gemeinsam von Landesmuseum und Handwerkskammer Koblenz entwickelte Ausstellung. Anlass hierfür ist unter anderem der 50. Geburtstag, den das Landesmuseum Koblenz als staatliche Sammlung im Jahre 2006 feiern kann. Ein beträchtlicher Teil dieser im Verlauf der Jahrzehnte angelegten Sammlung ist dem Handwerk zu verdanken und deren Schlüsselobjekte haben bis heute nichts von ihrer Zukunftsfähigkeit eingebüßt.

Hier setzt die Ausstellung an: Sie spannt einen Bogen von hochwertigen, innovativen Produkten aus modernen Handwerksbetrieben, die im Einzugsgebiet der Handwerkskammer Koblenz im nördlichen Rheinland-Pfalz ansässig sind, hin zu exemplarisch ausgewählten historischen Objekten aus dem Besitz des Landesmuseums Koblenz. Der Schwerpunkt liegt dabei auf den im musealen Sammlungsgut verarbeiteten Werkstoffen Holz, Metall, Stein und Papier, wobei auch die

Frage der Formgebung eine wichtige Rolle spielt. Unter dem Aspekt der Gestaltung ergänzen Erzeugnisse der modernen Schmuck- und Edelsteinbearbeitung die Ausstellung. Ob alternative Energiegewinnung, Weltraumtechnik oder preisgekröntes Design, ob Kooperationsmodelle mit Hochschulen oder Großkonzernen – in diesen Bereichen setzen Handwerker und Handwerkerinnen neue Maßstäbe im 21. Jahrhundert. Dies soll mit beispielhaft ausgewählten Betrieben aus der Region Mittelrhein verdeutlicht werden.

Ein weiterer wichtiger Gesichtspunkt ist die Nutzung zeitgemäßer Kommunikations- und Marketingstrategien zur Entwicklung neuer Absatzmärkte, die zum Erfolg eines Unternehmens und eines Produktes maßgeblich beitragen. Auch dies ist ein Tatbestand, der nicht erst im Zeitalter der modernen Massenmedien und der weltweiten Vernetzung entdeckt worden ist, sondern seine historischen Vorläufer hat.

Das gemeinsame Projekt von Handwerkskammer und Landesmuseum Koblenz versteht sich schließlich auch als Probelauf für die geplante Neueinrichtung der Dauerausstellung. Sie wird vergleichbaren Fragestellungen folgen aber natürlich eine stärkere Gewichtung bei den historischen Objekten setzen.

Thonet-Stuhl Nr. 4
Modell „Café Daum", um 1850
(Inv. Nr. 284/95)

Im Folgenden geht es um drei exemplarisch ausgewählte Persönlichkeiten und Unternehmen, die mit ihren Erzeugnissen in der Sammlung des Landesmuseums vertreten sind und stellvertretend stehen für Handwerk und Innovation, für begabte Neuerer im Grenzbereich zwischen handwerklicher Klein- und industrieller Großserienfertigung: Michael Thonet und seine Bugholzmöbel, zwei Koblenzer Klavierbauunternehmen sowie August Horch und seine Automobile.

Michael Thonet

Der gelernte Möbeltischler Michael Thonet, 1796 in Boppard geboren, kann als Paradebeispiel für die genannten Erfolgskriterien betrachtet werden. Seine Devise „Biegen oder Brechen" versuchte er zu realisieren, indem er nicht nur Sitzmöbel, sondern fast alles, was sich aus gebogenem Holz formen lässt, herstellte: Die Palette umfasste Tennisschläger und Spazierstöcke, Wagenräder und Lüster bis hin zu Betten und Garderoben; doch Furore machen bis heute seine Stühle.

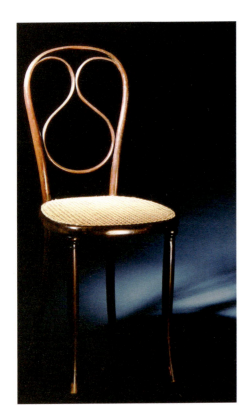

Thonet-Stuhl Nr. 1
Modell „Schwarzenberg"
aus dem Jahr 1865
(Inv. Nr. 285/95)

In wenigen Jahrzehnten erlangte er internationalen Ruhm, seine Produkte tragen noch heute seinen Namen und viele zählen inzwischen zu Klassikern des Designs. Er vereinigte in geradezu genialer Weise Eigenschaften, die zum „Phänomen Thonet" führten: exzellente Handwerkskenntnisse, das Wissen um materialgerechte Verarbeitung, ein sicheres Gespür für Formgebung sowie hervorragende kaufmännische Fähigkeiten mit einem Sinn für innovative Markterschließung.

Als Sohn eines Gerbermeisters erlernte Michael Thonet in Boppard den Beruf des Möbeltischlers und gründete 1819 eine eigene Werkstatt. Die Arbeiten der Neuwieder Möbelwerkstätten von Abraham und David Roentgen wird Michael Thonet gekannt haben und wohl auch frühe Biegeversuche mit Holz einiger seiner Kollegen, wie z.B. Jean-Joseph Chapuis, der bereits 1805 Möbel aus schichtverleimtem, gebogenem Holz fertigte. So begann auch Thonet in den 1830er Jahren mit dem Verleimen und Biegen von in Faserrichtung geschnittenen Holzstreifen, die im Leimbad gekocht waren. Dafür betrieb er in Boppard neben seiner Tischlerwerkstatt eine eigene Leimsiederei.

Es entstanden qualitativ hochwertige und elegant wirkende, dazu leichtgewichtige Möbel im Stil des Spätbiedermeier, die schnell Absatz fanden. 1840 richtete Michael Thonet sein „Gesuch des gehorsamst unterzeichneten Schreinermeisters um ein Patent auf das eigenthümliche Verfahren desselben, vermittels einer Presse dem Holze an Möbeln die entsprechende Form zu geben" an die Regierung zu Koblenz. Es wurde allerdings als „nicht neu" abgelehnt.

Im Sommer 1841 hatte Michael Thonet die für seinen Lebensweg entscheidende Begegnung, als er anlässlich der Präsentation seiner Möbel im Koblenzer Kunstverein den aus Koblenz gebürtigen österreichischen Staatskanzler Clemens Fürst von Metternich kennen lernte. Dieser soll zu Thonet gesagt haben: „In Boppard werden Sie immer ein armer Mann bleiben, gehen Sie nach Wien, ich werde Sie dort bei Hofe empfehlen …"

Die Reise nach Wien trat Thonet im Mai 1842 an, seine Vorzeigemöbel im Gepäck. Dem österreichischen Kaiser müssen sie gefallen haben, denn bereits im Juli 1842 erhielt Thonet das Privileg, „jede, selbst die spröedeste Gattung Holz auf chemisch-mechanischem Wege in beliebige Formen und Schweifungen zu biegen."

Im legendären Kristallpalast der Londoner Weltausstellung 1851 zeigte Thonet komplette Sitzgarnituren aus schichtverleimten, gebogenen Palisanderholzstäben mit eingelegten Messingstreifen. Diese Möbel brachten ihm die Bronzemedaille als höchste Anerkennung für Industrieprodukte ein.

Nachdem Michael Thonet 1853 die Firma „Gebr. Thonet" seinen Söhnen übertragen hatte, expandierte das Unternehmen innerhalb weniger Jahre. 1855 erhielten die Thonets die „einfache Fabrikbefugnis" und damit wurden sie unabhängig von der Tischlerzunft. Wegen der zahlreichen Auseinandersetzungen mit Wiener Handwerksbetrieben errichtete Thonet 1856 die erste große Fabrik in Koritschan/Mähren, wo er das Buchenholz vor Ort beziehen und billige Arbeitskräfte anlernen konnte. Es folgten weitere Fabrikgründungen: 1861 in Bistritz/Mähren, 1865 in Groß-Ugrocs/Ungarn, 1880/81 in Novo Radomsk, damals Russisch-Polen, und 1890 im hessischen Frankenberg/Eder.

Als Michael Thonet am 3. März 1871 in Wien starb, hinterließ er ein Imperium, das in allen bedeutenden Städten Europas und Amerikas vertreten war: Verkaufsniederlassungen gab es nicht nur in Wien, Prag und Budapest, sondern auch in Mailand, Berlin, Paris, Marseille, London, Amsterdam, Chicago, New York, St. Petersburg, Moskau und vielen weiteren Orten.

Heute stellen seine Nachfahren im hessischen Frankenberg in der fünften Generation Möbel her, die nach wie vor den Namen Thonet tragen oder auf Entwürfe des Tischlermeisters aus Boppard am Rhein zurückgehen.

Der Wiener Kaffeehausstuhl – ein ‚global player' seit 1859

Weltweiten Ruhm erlangte Thonet mit dem Entwurf des Modells Nr. 14, das – millionenfach produziert (und immer wieder kopiert!) – zum Inbegriff des Kaffeehausstuhles geworden ist. In leicht abgewandelter Form wird dieser zeitlos erscheinende Stuhl noch immer von den Erben Michael Thonets gefertigt. Aus sechs gebogenen Massivholzteilen, zehn Schrauben und zwei Muttern zusammengesetzt, stellt der „14er" oder „Konsumsessel" eine der gelungensten Synthesen von Ästhetik und Massenproduktion dar.

Der legendäre Kaffeehausstuhl

In einer Holzkiste von etwa einem Kubikmeter Inhalt konnten 48 solcher demontierten Stühle in jeden Winkel der Erde versandt werden. Die Endmontage beim Verbraucher, die heute von vielen Billigmöbelanbietern praktiziert wird, geht auf Thonets erfolgreiches Vermarktungskonzept zurück. Zu diesem Konzept gehört auch der Vertrieb über ein weit gespanntes Netz von Niederlassungen und Verkaufsstellen sowie über Verkaufsplakate und -kataloge. Den in diesen Verkaufshilfen durchnummerierten Angeboten verdanken die Stühle von Michael Thonet ihre Typenbezeichnungen, die noch heute gebräuchlich sind.

Thonetkiste zum weltweiten Versand mit 48 Stühlen des Modells Nr. 14

Klavierbau in Koblenz

1835 gründete Carl Mand in Koblenz eine Werkstatt für Flügelbau, nachdem Heinrich Knauss bereits drei Jahre zuvor seine Werkstatt für Pianobau eingerichtet hatte. Ursprünglich war die Familie Mand in der damals noch selbständigen Ortschaft Horchheim ansässig gewesen, wo der Vater des Firmengründers im Weinbau gearbeitet und das Schreinerhandwerk ausgeübt hatte. In unmittelbarer Nähe zum Mandschen Anwesen befand sich der Sommersitz der Bankiersfamilie Mendelssohn aus Berlin, den zuweilen auch deren Neffe Felix Mendelssohn-Bartholdy besuchte. Die Mendelssohns sorgten dafür, dass einer der Mand-Söhne nach Wien geschickt wurde, um in der Hochburg der Musik und des Klavierbaus seine Kenntnisse zu vertiefen. Nikolaus Mand erkrankte jedoch unterwegs, musste nach Hause zurückkehren und starb bald darauf. Sein Bruder Carl ging an seiner Stelle nach Wien und erweiterte dort während seines achtjährigen Aufenthaltes sein Wissen um die Kunst des Klavierbaus.

Nach seiner Firmengründung nahm er von 1838 bis 1841 den damals sehr bekannten und finanziell erfolgreichen Komponisten Franz Hünten als Teilhaber in sein Unternehmen auf. Die Firma Mand erfuhr seit ihrer Gründung eine immer größere Ausdehnung. Auch die Zahl der Mitarbeiter stieg kontinuierlich; im Jahre 1875 betrug sie noch 30, gegen Ende des 19. Jahrhunderts mehr als 100 größtenteils hoch qualifizierte Facharbeiter.

Bereits 1853 erhielt Carl Mand den Rang eines Hoflieferanten der Königin und späteren Kaiserin Augusta; es folgte die Ernennung zum Hoflieferanten des Landgrafen von Hessen und Homburg und bis zum Beginn des 20. Jahrhunderts hatte es das Unternehmen auf insgesamt 17 Hoflieferungen gebracht. Werbewirksam wurden diese

Mand-Flügel, nach 1885
(Inv.Nr.109/01)

Mand-Pyramidenflügel, um 1835, (Inv.Nr. A/67/94)

Hoflieferungen in regelrechten Anzeigenkampagnen eingesetzt, wobei Hinweise auf bekannte Pianisten und Komponisten, die auf Mand-Instrumenten konzertierten, nicht fehlten. Zur Produktpalette zählten Pianinos (der Fachausdruck für Klaviere), Salonpianos, Stutzflügel, Konzertflügel und als Besonderheit der patentierte Glockenflügel, der in Größe und Qualität dem Stutzflügel vergleichbar ist. Die in der Gestaltung schönsten Flügel entstanden in der Zusammenarbeit mit Joseph Maria Olbrich, dem berühmten Architekten des Jugendstils, Mitbegründer der Wiener Sezession wie auch des Deutschen Werkbundes und führendes Mitglied der Künstlerkolonie auf der Darmstädter Mathildenhöhe.

Während Carl Mand junior 1875 Teilhaber und sieben Jahre später alleiniger Inhaber wurde, betrieben die Söhne von Heinrich Knauss ihre Firma ab 1872 als offene Handelsgesellschaft weiter. Nach dem Ableben der zweiten Generation in den beiden Betrieben kam es 1907 unter Paul Kappler als Direktor zum Zusammenschluss der Koblenzer Klavierbauunternehmen. Sie firmierten bis 1932 unter der Bezeichnung „Rheinische Pianoforte-Fabriken A.-G. vormals C. Mand", wobei hier interessanterweise bereits in der Namensgebung der Weg vom ursprünglich handwerklich zum später industriell gefertigten Produkt skizziert wird.

August Horch

„Vom Schlosserlehrling zum Autoindustriellen", so lautet der Untertitel seiner erstmals 1937 erschienenen Autobiografie „Ich baute Autos". Die Aussage hat Programmcharakter – nicht nur für die Erinnerungen eines berühmten Autopioniers, sondern auch für die hier skizzierten Überlegungen zur historischen Dimension der Ausstellung im Landesmuseum Koblenz. Was im Namen der Koblenzer Klavierfabrik anklingt und die Entwicklung des Möbelunternehmens Thonet kennzeichnet, gilt auch für den Automobilbau: Die Anfänge liegen im Handwerk.

August Horch kam 1868 als Sohn eines Winzers und Schmiedes in Winningen an der Mosel auf die Welt. Nach dem Besuch der Volksschule erlernte er in der väterlichen Werkstatt das Schmiedehandwerk und begab sich anschließend auf die Walz, die ihn bis nach Österreich-Ungarn, Serbien und Bulgarien führte. Von 1888 bis 1890 besuchte er das Technikum im sächsischen Mittweida und wurde Ingenieur für Maschinen- und Motorenbau. Nach Tätigkeiten zunächst in einer Maschinenfabrik und einer Schiffswerft in Rostock kam er in einer Leipziger Maschinenfabrik das erste Mal mit dem „Explosionsmotor" (wie der Verbrennungsmotor damals noch hieß) in Kontakt. Dies führte zu seiner Bewerbung bei der Mannheimer Firma Benz & Co., wo er von 1896 bis 1899 in der Motorwagenabteilung die grundlegenden Kenntnisse des damaligen Motoren- und Fahrzeugbaus erwerben konnte. Am Ende des Jahrhunderts wagte er den Schritt in die Selbständigkeit, gründete mit finanzieller Unterstützung eines Teilhabers die „Firma Horch und Cie." in Köln-Ehrenfeld und baute 1900 sein erstes Automobil mit dem von ihm entwickelten „stoßfreien" Motor. Es folgte 1903 in Reichenbach im Vogtland der Bau seines ersten Vierzylindermotors und nach erneuter Werksumsiedlung nach Zwickau konstruierte er sein erstes Automobil mit einem Sechszylindermotor. Auch nach der Umwandlung seines Unternehmens in

Horch 830 BL Cabriolet, um 1935

Embleme des Horch-Cabriolets BL, um 1935

eine Aktiengesellschaft gab es immer wieder finanzielle Schwierigkeiten, die zu Streitigkeiten mit seinen Teilhabern und schließlich 1909 zu seinem Austritt aus der von ihm selbst begründeten Firma führten. Dies hielt ihn aber nicht davon ab, sofort und erneut mit seinem Namen die „August Horch Automobilwerke GmbH" ins Leben zu rufen – sehr zum Ärger seines von ihm verlassenen aber weiterhin bestehenden Betriebes. Nachdem er den Prozess um die Namensrechte verloren hatte, musste ein neuer Name her – er fand sich mit der latinisierten Fassung „Audi".

Zehn Jahre später zog Horch sich aus dem aktiven Geschäft zurück und beschränkte sich auf die Tätigkeit im Aufsichtsrat. Darüber hinaus betätigte er sich von 1920 bis 1933 als Kraftfahrzeug-Sachverständiger. Als während der Weltwirtschaftskrise das „Audi"-Werk mit Horch, DKW und Wanderer fusionierte, übernahm August Horch auch in dem neuen Konzern der „Auto Union AG" – mit dem Symbol der vier ineinander verschlungenen Ringe als Firmenzeichen – bis 1945 einen Sitz im Aufsichtsrat.

Die Horch- und Audi-Fahrzeuge zählten in den 1920er und 1930er Jahren zur Spitzenklasse der damaligen Automobilproduktion. Mit ihren elegant geschwungenen Luxus-Karosserien bestechen sie bis heute durch ihre formvollendete Gestaltung und wir Nachgeborenen können es eigentlich nur bedauern, dass es kaum jemals wieder so schöne Autos gegeben hat. Erhalten geblieben sind die vier Ringe, die immer noch die Kühlerhauben der Audi-Fahrzeuge zieren.

Zusammenfassung

Angesichts der Herausforderungen, die das Handwerk im Zeitalter der Globalisierung zu meistern hat, ist es lohnend, sich die Produktionsbedingungen zurückliegender Jahrhunderte zu vergegenwärtigen. Auch die Epoche der Industriellen Revolution war gekennzeichnet durch verschärften Wettbewerb, durch Kostendruck und knappes Kapital, sich verändernde Wertevorstellungen und wechselnde Konsumgewohnheiten. In diesen ökonomisch und gesellschaftlich schwierigen Zeiten haben Tüftler und Erfinder, Techniker und Konstrukteure auch im und aus dem Bereich des heutigen Bundeslandes Rheinland-Pfalz Bahn brechend Neues auf den Weg gebracht – in der Regel auf der Basis einer soliden handwerklichen Ausbildung. Sie waren ihrer Zeit weit voraus und haben in der Umbruchsphase von der manuellen zur Maschinenfabrikation Innovationen hervorgebracht, die noch heute unseren Lebensalltag mitbestimmen.

Literatur

August Horch. Ein Automobilkonstrukteur aus Winningen. Katalog zur Ausstellung des Landesmuseums Koblenz 1986.

Meisterwerke – 2000 Jahre Handwerk am Mittelrhein. Katalog zur Ausstellung von Handwerkskammer und Landesmuseum Koblenz. Bd. 6: Musikinstrumente, Koblenz 1992.

Thonet. Biegen oder Brechen. Begleitpublikation zur Sonderausstellung 200 Jahre Michael Thonet des Landesmuseums Koblenz und des Museums der Stadt Boppard, Koblenz 1996.

Plakat der Audiwerke aus dem Jahre 1912

Meisterbrief aus dem Jahr 1913

Petra Habrock-Henrich

Der dornige Weg zum „staatstragenden Mittelstand"

Handwerk und Politik im späten 19. Jahrhundert

„Ich hoffe ..., daß sie alle, Meister wie Gesellen, mit ganzer Kraft und mit aller Hingebung ... dem ehrenwerten Handwerkerstande die Stellung erhalten wollen, die ihm gebührt als dem Kerne des gewerblichen Mittelstandes und einem Gliede, dessen Erhaltung für ein gesundes Staatsleben unbedingt erforderlich ist." Mit diesen Worten eröffnete der zuständige Regierungskommissar Rademacher die konstituierende Versammlung der Handwerkskammer Koblenz am 19. April 1900. Wie tief greifend musste der wirtschaftliche und soziale Niedergang während des 19. Jahrhunderts das Standesbewusstsein der Handwerkerschaft zerstört haben, dass es von staatlicher Seite solch markiger Worte bedurfte, um sie aufzurütteln? Das anhaltende Bevölkerungswachstum, das auch den innerhandwerklichen Konkurrenzdruck verstärkte, die übermächtige Industrie, die immer mehr Handwerksprodukte billiger und schneller herstellen konnte und schließlich die von 1873 bis etwa 1893 andauernde, als Große Depression bekannte erste gesamtwirtschaftliche Krise wirkten sich in allen Regionen des Deutschen Reiches negativ auf die Entwicklung des Kleingewerbes aus. Der Niedergang des Handwerks nahm schließlich Ausmaße an, die es als Produktionsform grundsätzlich in Frage stellten. Das Handwerk musste sich also an die Erfordernisse der neuen Zeit anpassen, wenn es nicht untergehen wollte.

Spätestens seit den 1840er Jahren befand sich das deutsche Handwerk in einer prekären wirtschaftliche Lage, die zeitgenössische Beobachter, neben dem wachsenden Konkurrenzdruck durch die großgewerbliche Industrie, vor allem auf die viel zu große Anzahl der Betriebe und die ungünstige Betriebsstruktur zurückführten. In Koblenz, einer Stadt mit sehr hoher Handwerkerdichte, in der mit Abstand die meisten Selbständigen innerhalb des Regierungsbezirks lebten, zeigte sich diese Überbesetzung besonders deutlich. Nur hier gab es mehr Selbständige als Hilfskräfte. Wer aber in vormotorisierten Zeiten ohne Hilfskraft arbeitete, wurde wegen der geringen Wirtschaftskraft und Produktivität generell als Kümmerexistenz angesehen und lebte häufig am Rande des Existenzminimums. Noch um 1900 führten hohe Kinderzahlen häufig zur Verarmung von Handwerkerfamilien „...und Krankheit oder Tod haben zumeist den größten Not(h)stand im Gefolge", wie es in einem zeitgenössischem Bericht der Handwerkskammer Koblenz hieß.

Während viele Handwerkszweige mit der Industrialisierung in existenzielle Not gerieten, konnten die Nahrungsmittelgewerbe von Bevölkerungswachstum und Verstädterung profitieren. In einer Neuwieder Bäckerei um 1930

Dieses negative Gesamtbild traf allerdings nicht auf alle Handwerksberufe zu. Vielmehr verlief die Entwicklung in den einzelnen Gewerbezweigen sehr unterschiedlich. Mit Abstand am Besten stellte sich die Situation im Nahrungsgewerbe und hier speziell bei Bäckern, Konditoren und Metzgern dar, wo sich die herkömmlichen Klein- und Mittelbetriebe im Wesentlichen aus zwei Gründen behaupten konnten. Zum einen stieg mit Bevölkerungswachstum und Verstädterung die Zahl der Kunden stetig an. Zum anderen stellten die verhältnismäßig hohen Kapitalerfordernisse eine Barriere gegen mögliche Konkurrenten dar. In allen drei Berufen spielte der Nebenerwerb in der Gastronomie eine große Rolle.

Im Baugewerbe fand zwar ein deutliches Wachstum statt, allerdings zu Lasten der kleinen Handwerksmeister. Veränderungen der Baufinanzierung und Änderungen der Produktionstechnik begünstigten den Durchbruch von Großbetrieben.

Metallverarbeitende Handwerke wurden seit der Mitte des 19. Jahrhunderts zunehmend aus der Herstellung in die Reparatur und Installation verdrängt. Einige Berufe wie der des Drehers wichen bereits um die Jahrhundertmitte der Industriekonkurrenz. Schlosser und Klempner mussten die Warenproduktion ebenfalls immer stärker den Fabriken und ländlicher Hausindustrie überlassen. Ihre Aufträge kamen zunehmend aus dem Baubereich. Auch hier gab es aber Konkurrenz von Seiten des Großgewerbes und des Handels. Daneben entstanden erste Maschinenschlossereien, die sich in einigen Fällen zu erfolgreichen Großbetrieben entwickelten.

Das Bekleidungshandwerk befand sich über viele Jahrzehnte in einer besonders miserablen Lage. Schneider und Schuhmacher waren die am deutlichsten übersetzten Berufe. Sie stellten in Koblenz um die Jahrhundertmitte etwa ein Drittel aller selbständigen Handwerker und galten mehrheitlich als verarmt. Die geringen Erfordernisse an Kapital und Qualifikationen erleichterten den Zugang zu diesen Handwerken erheblich. Wesentliche Ursache für den Bedeutungsverlust handwerklicher Maßanfertigung war der Übergang zur preiswerteren Konfektion. Die vergleichsweise große Auswahl der Koblenzer Ladengeschäfte lockte Kunden aus dem weiten Umland an und ließ immer mehr kleine Handwerker und Handwerkerinnen entweder in Abhängigkeit geraten oder verdrängte sie vollständig aus der Produktion.

In Koblenz stieg die Anzahl der Kleiderhandlungen, die überwiegend Waren beispielsweise aus Berliner Produktion verkauften, von 14 im Jahr 1868 auf 37 um 1900. Zu dieser Zeit gab es selbst in kleineren Ortschaften schon Bekleidungsgeschäfte. Der wachsende Erfolg industriell hergestellter Produkte führte letztlich zum Aussterben einiger Bekleidungshandwerke.

Ähnlich schlecht wie den Bekleidungshandwerkern ging es um die Mitte des 19. Jahrhunderts den Schreinern oder Tischlern. Sie stellten in den meisten Städten das drittstärkste Handwerk und waren in Koblenz zu über 50 Prozent verarmt. Wie Kleidung und Schuhe wurden Möbel zunehmend in Großbetrieben hergestellt und von Magazinen vertrieben. Nach 1850 sanken deshalb die Betriebszahlen und Produktion und Verkauf trennten sich allmählich.

In den größeren Städten trennten sich seit den 1870er Jahren die Bau- von den Möbelschreinern. Während der zweiten Jahrhunderthälfte gingen andere holzverarbeitende Handwerke, vor allem Küfer und Drechsler, stark zurück. Eine Ausnahme bildeten die Wagner und Stellmacher. Ihre Fähigkeiten waren in der zunehmend mobilen Gesellschaft immer stärker gefragt. Um 1900 gab es allein in Koblenz 21 Betriebe, die sich später teilweise im Automobilbereich betätigten.

Für die Entstehung neuer Handwerke spielten Erfindungen des 19. Jahrhunderts eine große Rolle. Der Fotograf entwickelte sich schnell zum Modeberuf. Allein in Koblenz stieg die Zahl der Fotografen von vier um 1853 auf 19 im Jahr 1900. 1899 eröffnete der erste Elektriker seinen Betrieb. Ein Jahr später gab es bereits vier Vertreter dieses Handwerks in der Stadt.

Das Schuhmacherhandwerk war während des 19. Jahrhunderts in besonderem Maße vom wirtschaftlichen und sozialen Niedergang betroffen. Schuhmacherwerkstatt in Winterbach, um 1920

Handwerker, die auf dem Land lebten, befanden sich insgesamt in einer noch ungünstigeren Lage als ihre städtischen Kollegen, weil sich hier im 19. Jahrhundert die Bedingungen infolge der Verlagerung der gewerblichen Produktion in die größeren Städte zusätzlich verschärften. So waren im Landkreis Altenkirchen immer mehr Handwerker auf zusätzliche Einnahmen aus dem Bergbau angewiesen.

Die lang anhaltende Notlage des Handwerks, die sich in der Überbesetzung einiger Berufe und der Dominanz kleinster Betriebe zeigte, war nach Ansicht der Koblenzer Bezirkregierung, festgehalten im Bericht der Handwerkskammer 1900/1901, „…nicht lediglich eine Folge der modernen wirt(h)schaftlichen Entwicklung und des Fortschritts auf dem Gebiete der Technik, … (sondern) vielmehr zum T(h)eil auch auf die nicht genügende Ausbildung des Handwerkers in seinem Fache zurückzuführen." Vor der Einführung der Gewerbefreiheit bildeten Lehrzeit, Gesellenprüfung, Meisterprüfung und Zunftaufnahme – von wenigen zunftfreien Berufen einmal abgesehen – unabdingbare Voraussetzungen für die selbständige Ausübung eines Handwerks und das Standesbewusstsein der Handwerker. Dieses althergebrachte System wurde im Laufe des 19. Jahrhunderts durch Gewerbefreiheit, Industrialisierung und die beginnende Auflösung der Großfamilie stark in Frage gestellt.

Die Qualifikation der selbständigen Handwerker ließ nach Einführung der Gewerbefreiheit – linksrheinisch bereits 1794 – innerhalb weniger Jahrzehnte deutlich nach. Erst im 20. Jahrhundert ermöglichten umfassende gesetzliche und organisatorische Maßnahmen sowie die von den Kammern regelmäßig abgehaltenen Meisterkurse es immer mehr Handwerkern, die Meisterprüfung abzulegen. Die Qualifikation der Selbständigen erreichte wieder ein Niveau, das die Leistungsfähigkeit des Handwerks auf Dauer stabilisieren konnte.

Die gesunkene Kompetenz der Meister machte sich auch im Ausbildungsbereich negativ bemerkbar. Deshalb büßte die Handwerkslehre weiter an Attraktivität ein. Die Ursachen der Ausbildungsmisere waren bereits seit der Mitte des 19. Jahrhunderts bekannt, denn bei den zum Teil katastrophalen Ergebnissen der Gesellenprüfungen hatte sich die Unzulänglichkeit sowohl der Ausbildungsrichtlinien als auch der Schulbildung der Lehrlinge gezeigt. Nur Wenige erhielten eine gründliche und damit teure Ausbildung. Auf dem Land galt die Beherrschung der notwendigsten Handgriffe häufig als ausreichende Grundlage für eine Existenzgründung. Die Situation verschärfte sich, weil das Industriezeitalter immer umfangreichere theoretische Kenntnisse erforderte, die selbst Meister selten besaßen. Dennoch setzte sich die Einsicht in die Notwendigkeit einer Fachschulbildung nur sehr langsam durch. Der verbindliche Gewerbeschulbesuch wurde im Regierungsbezirk Koblenz offiziell 1909 eingeführt, aber erst 1925 vollständig durchgesetzt.

Unzureichende Qualifikationen bei gleichzeitig steigendem Konkurrenzdruck veränderten auch die Lebens- und Arbeitsbedingungen der Gesellen grundlegend. In fast allen Berufen nahm die Arbeitslosigkeit extrem zu. Als Alternative zur Arbeitslosigkeit im erlernten Handwerksberuf blieb den Gesellen die Abwanderung in die meist überregionale Industrie oder sogar nach Übersee. Trotz der deutlich höheren Löhne fiel ihnen jedoch der soziale Abstieg zum Arbeiter schwer, denn wer einmal in einem Großbetrieb gearbeitet hatte, wurde aus dem Kreis der Gesellen ausgeschlossen und fand im Handwerk normalerweise keine Arbeit mehr.

Infolge der Gewerbefreiheit konnten auch Frauen im 19. Jahrhundert erstmals seit dem Mittelalter wieder selbständig im Handwerk tätig sein. In Koblenz arbeiteten Frauen hauptsächlich als Kleidermacherinnen, als Modistinnen und als Friseurinnen. Ihr Anteil stieg bei den Schneidern von einem halben Prozent um 1850 auf 30 Prozent um 1900, bei den Friseuren im gleichen Zeitraum von elf auf 19 Prozent. Im Schneiderhandwerk gelang es den Kleidermacherinnen, die Damenschneider vollständig zu verdrängen. Die schnellen Erfolge

Vorstand der Prüfungskommission der Handwerkskammer Koblenz, Datierung ungesichert, um 1920
1. Reihe, 2. von links:
J. Pogatschnik

der Handwerkerinnen führten aber nicht zu einer formellen Gleichstellung ihrer Tätigkeit. Sie konnten weder einer Innung beitreten noch den Meistertitel erwerben oder Lehrlinge ausbilden und beschäftigten nur in Ausnahmefällen Hilfskräfte. Erst im 20. Jahrhundert erreichten Frauen die Gleichberechtigung mit ihren männlichen Kollegen. 1910 setzten die Schneiderinnen ihre Aufnahme in die Innung und eine Beteiligung am Vorstand durch.

In der unübersehbar bedrohlichen Lage ihres Berufsstandes mussten Handwerker lernen, sich den Anforderungen einer ständig im Wandel begriffenen Wirtschaft anzupassen, wenn sie im Konkurrenzkampf nicht untergehen wollten. Die Inhaber kleiner und kleinster Betriebe besaßen dafür jedoch kaum die nötigen Voraussetzungen. Sie taten sich während des 19. Jahrhunderts sehr schwer damit, Neuerungen einzuführen und versuchten solange wie möglich am Althergebrachten festzuhalten. Nach Jahrzehnten der Gewerbefreiheit war die mangelnde Innovationsbereitschaft vor allem auf das niedrige Bildungs- und Ausbildungsniveau kleiner Handwerker und ihre meist geringen finanziellen Möglichkeiten zurückzuführen. Noch im 20. Jahrhundert mussten die neuen Handwerksorganisationen und -kammern häufig mühevolle Überzeugungsarbeit leisten, um die Meister von den Notwendigkeiten exakter Kalkulationen, moderner Werkstätten und Motoren, einer offensiven Kundenwerbung sowie einer genossenschaftlichen Kredit- und Rohstoffbeschaffung zu überzeugen.

Der Einsatz von Motoren lief im Handwerk besonders zögerlich an, weil hohe Finanzierungskosten und anfänglich unvermeidbare Auslastungsprobleme durch Überkapazitäten den Modernisierungsanreiz deutlich verringerten. Zu Beginn des 20. Jahrhunderts setzten nur Druckereien, Bäcker, Metzger, Schreiner und Schlosser Motoren in nennenswertem Umfang ein. Darüber hinaus blieben Maschinen – von den Nähmaschinen einmal abgesehen – im Handwerk die Ausnahme. Das Mittel der Werbung mit dem Ziel der Absatzsteigerung stieß im Handwerk, sicher nicht zuletzt wegen des Abwerbe-Tabus zur Zunftzeit, weitestgehend auf Skepsis. In den überschaubaren Städten sahen die Meister auch im 19. Jahrhundert noch keine Notwendigkeit, auf die Leistungsfähigkeit ihres Betriebes aufmerksam zu machen. In den Koblenzer Zeitungen annoncierten nur

Wenn auch langsamer als in Industrie und Handel, wurde der Nutzen der Werbung während des 19. Jahrhunderts auch im Handwerk zunehmend erkannt. Inserat von Carl Münster, Sohn, Friseur (als Beilage des Coblenzer Anzeigers Nr. 47 vom 21. November 1828)

36 | Meisterschaft!

Handwerker, die wegen ihrer umfangreichen Lagerhaltung auf hohe Umsätze angewiesen waren. Gewerbeausstellungen galten im 19. Jahrhundert als Zeichen fortschrittlichen Denkens im Handwerk und wurden meist von lokalen oder regionalen Gewerbevereinen organisiert. Während sie im nassauischen Raum regelmäßiger stattfanden, stießen sie jedoch in Koblenz kaum auf Interesse. Ähnlich verhielt es sich mit den Kredit- und Rohstoffgenossenschaften. Auch hier gehörte der nassauische Gewerbeverein zu den regionalen Pionieren einer Bewegung, die nur sehr langsam Schule machte. In Koblenz entstanden vor 1900 lediglich Rohstoffgenossenschaften für Bäcker, Metzger und Schneider.

Lithographierte Werbekarte für Coiffeur J. G. Münster, um 1880

Die sinkende Wirtschaftskraft und den daraus resultierenden Ansehensverlust des Handwerks empfanden vor allem traditionsbewusste und wohlhabende Meister als schwer erträglich. Anders als die Mehrheit ihrer Kollegen hatten sie eingesehen, dass sich die Handwerkerschaft nur mit Hilfe übergeordneter Interessenvertretungen wieder zu einem politischen und gesellschaftlichen Machtfaktor entwickeln konnte. Sie versuchten, die geringen Möglichkeiten der politischen Einflussnahme zu nutzen und forderten wiederholt eine staatliche Handwerkerschutzpolitik. Während der Revolution von 1848 formulierten Koblenzer Meister erstmals die Idee des staatstragenden Mittelstandes, die am Ende des Jahrhunderts entscheidend zur Durchsetzung ihrer gewerbepolitischen Ziele beitrug.

Mit modernen Werbemitteln ist der konsumfreudige Städter ansprechbar. Werbeblatt, um 1930

In Koblenz spaltete sich die Handwerkerschaft, wie in vielen katholischen deutschen Städten, in eine kleine Gruppe nationalliberaler Spitzenhandwerker, eine deutliche Mehrheit konservativ katholischer und eine Minderheit ärmerer Handwerker, die eher sozialdemokratischen Vorstellungen anhingen. Die Partei des katholischen Zentrums konnte mit ihrem Programm der Förderung eines stabilen Mittelstands zahlreiche zuvor der liberalen Bewegung nahe stehende Handwerker für sich gewinnen. Von der Mitte der 1870er Jahre bis weit ins 20. Jahrhundert blieb der Wahlkreis Koblenz „sicherer Besitz des Zentrums". Das war nicht zuletzt der starken Anhängerschaft in Handwerkerkreisen zu verdanken. Nach 1890 nahmen auch die konservativen politischen Gruppierungen den Schutz des Mittelstands in ihre Programme auf, fanden aber am Mittelrhein im Allgemeinen nur wenige Anhänger.

Die Sozialdemokratie, die bei selbständigen Handwerkern insgesamt nur wenig Erfolg hatte, konnte am Ende des 19. Jahrhunderts zahlreiche verarmte Koblenzer Schuhmacher für sich gewinnen. Im Koblenzer Wahlkreis kandidierte sie erstmals 1884 für die Reichstagswahlen und erhielt in den 1890er Jahren bis zu 15 Prozent der abgegebenen Stimmen. Auch unter den Koblenzer Handwerksgesellen dürfte die Sozialdemokratie Anhänger gefunden haben. Sie traten allerdings im 19. Jahrhundert politisch kaum in Erscheinung. Dies wird zum einen daran gelegen haben, dass in der Stadt keine nennenswerte Industrie und damit eine der Sozialdemokratie nahe stehende Arbeiterschaft vorhanden war. Zum andern fehlten hier Gesellenbruderschaften, aus denen häufig erste Gewerkschaften hervorgingen. Die Arbeiterbewegung fand deshalb in Koblenz erst vergleichsweise spät eine nennenswerte Anhängerschaft. Streiks, die insbesondere im Bauhandwerk nach 1868 wiederholt in Großstädten stattfanden, waren in Koblenz vor 1890 unbekannt.

Die seit 1848 von engagierten Handwerksmeistern wiederholt unternommenen Versuche, auf die Gewerbepolitik Einfluss zu nehmen, führten erst am Ende des 19. Jahrhunderts zum Erfolg, denn sowohl die preußische als auch die Regierung des Deutschen Reiches sahen bis etwa 1880 in Innungen bestenfalls ein untergeordnetes Instrument der Gewerbeförderung. Ihre Haltung änderte sich erst, als das Handwerk seine Leistungsfähigkeit immer offensichtlicher einbüßte und bereits von einigen Zeitgenossen totgesagt wurde, während gleichzeitig die sozialdemokratische Bewegung zunehmend Anhänger in Handwerkerkreisen fand. Die auf der Idee des „staatstragenden Mittelstands" basierende Politik des Handwerkerschutzes setzte sich schließlich gegen alle liberalen Bedenken durch.

Obwohl die Gewerbegesetzgebung des Jahres 1881 den Innungen Aufgaben zubilligte, die bereits die Handwerkerbewegung von 1848 gefordert hatte, stand die Mehrzahl der Meister ihnen sehr reserviert gegenüber. Sie hatten niemals erfolgreiche Handwerksorganisationen kennen gelernt und sahen deshalb auch keinen Sinn in solchen Vereinigungen. Mitte der 1880er Jahre schlossen sich zwar Bäcker, Metzger sowie Friseurhandwerker zu Innungen zusammen. Von diesen Beispielen einmal abgesehen, hielt sich die Begeisterung für die neuen Organisationen jedoch in engen Grenzen. Ende der 1880er Jahre gründeten 14 Prozent der Koblenzer Schneider eine Innung. Weitere Vereinigungen, wie zum Beispiel die der Metallarbeiter, lösten sich bereits nach wenigen Jahren wieder auf. Die Gründungsinitiativen gingen fast ausnahmslos von besonders engagierten Handwerkern aus, die dann die Führung der Organisationen übernahmen und sich häufig Anfeindungen und Widerständen ausgesetzt sahen. 1898 waren nur 1.500 und zwei Jahre später, nach intensiven Bemühungen von Stadtverwaltungen und Bezirksregierung, 5.400 der 21.000 Selbständigen des Kammerbezirks in Innungen oder Gewerbevereinen organisiert. Häufig wurde das Fehlen einer übergeordneten Schlichtungsinstanz als Grund für das Scheitern der Vereinigungen angegeben. Ab 1900 übernahm die Handwerkskammer diese Aufgabe.

Über mehr als 100 Jahre hinweg sah sich das Handwerk mit umwälzenden gesellschaftlichen, politischen und wirtschaftlichen Entwicklungen konfrontiert, die es mit herkömmlichen Mitteln weder bewältigen konnte, noch – in Zeiten der Gewerbefreiheit – durfte. Verarmte Handwerker gehörten fast während des gesamten 19. Jahrhunderts zum Alltagsbild in Stadt und Land. Es dauerte viele Jahrzehnte, bis sich zum einen bei den Handwerkern die Einsicht in die Notwendigkeit von Innovationen durchsetzte und zum anderen, bis die Verantwortlichen in Politik und Verwaltung das Handwerk als wichtigen wirtschaftlichen und gesellschaftlichen Faktor erkannten und die organisatorischen Voraussetzungen schufen, um einen leistungsfähigen Mittelstand zu erhalten. Die Anfangsschwierigkeiten der Handwerkskammer bei ihrem Bemühen, das Handwerk umfassend zu organisieren und die Kompetenzen der Handwerker zu verbessern, verdeutlichen, dass Standesinteressen am Ende des 19. Jahrhunderts eine untergeordnete Rolle spielten. Um 1900 war die Dauerkrise des Handwerks noch längst nicht beendet. Der Prozess der „Gesundschrumpfung" ging über viele Jahrzehnte weiter und die permanente Umstrukturierung ist geradezu ein Kennzeichen der Flexibilität des Handwerks geworden. Heute hat es sich als stabilisierender Faktor in Wirtschaft, Politik und Gesellschaft bewährt und kehrt gerade in jüngster Zeit, in der sich die Probleme der wirtschaftlichen Globalisierung zunehmend verschärfen, als tragende Säule des Mittelstands wieder in den Fokus der Wirtschaftspolitik zurück.

Literatur

Kreishandwerkerschaft Mittelrhein (Hrsg.), 100 Jahre Kreishandwerkerschaft
  Mittelrhein 1888-1988, Koblenz 1988.
Friedrich Lenger, Sozialgeschichte der deutschen Handwerker seit 1800,
  Frankfurt/M. 1988.
Hans-Ulrich Wehler, Deutsche Gesellschaftsgeschichte, Bd.3: Von der deutschen
  „Doppelrevolution" bis zum Beginn des Ersten Weltkrieges 1849-1914,
  München 1995.
Karl-Jürgen Wilbert (Hrsg.), Handwerkskammer Koblenz. 100 Jahre und mehr,
  Koblenz 2001.

Gruppenbild mit Dame.
Gründungsversammlung der
Fotografen-Zwangsinnung,
Koblenz 1925

Jörg Liegmann

Die deutsche Handwerksordnung im 20. und 21. Jahrhundert

Ein rechtsgeschichtlicher Überblick

Jahrhundertelang war es eine Selbstverständlichkeit, dass ein Handwerker sein Gewerk zunächst ordnungsgemäß erlernte, mit der Meisterprüfung als Nachweis seiner Kenntnisse und Fertigkeiten als Abschluss. In der zweiten Hälfte des 19. Jahrhunderts kam die Überzeugung auf, dass das Handwerk überreguliert sei und so wurde es zunächst in die völlige Gewerbefreiheit entlassen. Die Einsicht, dass dies ein Fehler war, kam nach und nach und schrittweise kehrte man zum bewährten System zurück. Die Handwerksordnung vom 17. September 1953 schuf schließlich einheitliches Bundesrecht. Sie wurde zwar mehrmals an die Entwicklung angepasst, eine grundlegende Änderung erfolgte ein halbes Jahrhundert lang jedoch nicht. Diese wurde mit der Novellierung der Handwerksordnung 2004 vorgenommen. Sie führte zu einer beträchtlichen Verringerung derjenigen handwerksmäßig betriebenen Gewerbe, für deren Ausübung bislang das Erfordernis des Meisterbriefes vorgeschrieben war. Begründet wurde dies mit der Schaffung von mehr Beschäftigung und einer nicht nur konjunkturellen, sondern auch strukturellen Krise des Handwerks.

Die Periode von 1869 bis 1932

Die Gewerbeordnung von 1869

Das Handwerksrecht war seit 1869 zusammen mit dem Recht der übrigen gewerblichen Wirtschaft in der Gewerbeordnung des Norddeutschen Bundes vom 21. Juni 1869 geregelt. Dieses Gesetz, das nach Gründung des Deutschen Reiches allmählich auf das ganze Reichsgebiet ausgedehnt wurde, brachte, den Grundanschauungen der liberalen Wirtschaftslehre folgend, die nahezu unbegrenzte Gewerbefreiheit. Die Zahl der an einen Befähigungsnachweis oder eine behördliche Erlaubnis gebundenen Gewerbe war sehr beschränkt. Die Innungen und Zünfte wurden ihres öffentlich-rechtlichen Charakters entkleidet, bestehende Vorrechte beseitigt.

Änderungen und Ergänzungen
der Gewerbeordnung

Die Reaktionen auf diese Form des wirtschaftlichen Individualismus ließen nicht lange auf sich warten. Für das Handwerk gefordert wurden vor allem der „Große Befähigungsnachweis" und die Wiederherstellung der alten berufsständischen Organisation. Dem wurde vom Gesetzgeber nur zögernd und schrittweise Rechnung getragen; es folgte eine Novelle nach der anderen. So zählt man bis zum Ende des Jahres 1932 sechzig Novellen zur Gewerbeordnung und sonstige die Gewerbeordnung abändernde Gesetze.

Die Handwerker-Novelle vom 26. Juli 1897, auch „Handwerkerschutzgesetz" genannt, brachte vor allem die Errichtung der Handwerkskammern und der fakultativen Pflichtinnung. Sie regelte ferner das Lehrlingswesen und die Befugnis, den Meistertitel zu führen. Die Handwerkskammern wurden im Jahre 1900 von den Landeszentralbehörden als Körperschaften des öffentlichen Rechts zur Vertretung der Interessen des Handwerks errichtet und unterlagen der staatlichen Aufsicht durch den Staatskommissar. Neben die bisher schon bestehende freie Innung trat die fakultative Pflichtinnung. Ihre Errichtung durch behördliche Verfügung musste erfolgen, wenn die Mehrheit der im Innungsbezirk vorhandenen selbständigen Handwerker zustimmte. In diesem Fall gehörten alle selbständigen Handwerker des Innungsbezirks der Innung pflichtgemäß an.

Die Gewerbeordnungs-Novelle vom 30. Mai 1908 zum „Kleinen Befähigungsnachweis" änderte die Bestimmungen über das Lehrlingswesen und die Befugnis zur Führung des Meistertitels. Danach waren zum Anleiten von Lehrlingen in Handwerksbetrieben grundsätzlich nur noch Personen berechtigt, die eine Meisterprüfung bestanden hatten.

Durch die Gewerbeordnungs-Novelle vom 16. Dezember 1922 wurden die Handwerkskammern und die in einzelnen Ländern bestehenden Gewerbekammern zu einer Körperschaft des öffentlichen Rechts mit dem Namen „Deutscher Handwerks- und Gewerbekammertag" zusammengeschlossen. Ihm oblag die Vertretung der gemeinsamen Angelegenheiten der Handwerks- und Gewerbekammern. Der Deutsche Handwerks- und Gewerbekammertag wurde durch den Reichswirtschaftsminister beaufsichtigt.

Die Handwerks-Novelle vom 11. Februar 1929 brachte die Neuregelung des Wahlverfahrens zur Handwerkskammer, die Einführung der Handwerksrolle, die Einbeziehung der juristischen Personen in das Handwerksrecht und das

Recht, Sachverständige zu beeidigen und öffentlich anzustellen. An die Stelle des bisherigen Wahlverfahrens der Mitglieder der Handwerkskammern trat das allgemeine, gleiche, unmittelbare und geheime Wahlrecht. Die Aufsicht über die Handwerkskammer führte nach Fortfall des Staatskommissars die Landeszentralbehörde.

Das Handwerksrecht im „Dritten Reich"

Das Jahr 1933 brachte die deutliche Abkehr von der Gewerbefreiheit. Die Gesetzgebung dieser Zeit war geprägt durch die Negation jedweden Individualismus und das Führerprinzip. Sie verzichtete auf eine Revision der Gewerbeordnung und ließ auch den Grundsatz der Gewerbefreiheit formell bestehen, nahm ihm aber den materiellen Inhalt. Es wurden nur die Bestimmungen der Gewerbeordnung außer Kraft gesetzt, die den neuen Rechtssetzungen entgegenstanden, wodurch ein selbständiges, außerhalb der Gewerbeordnung stehendes Handwerksrecht entstand. Nach der Verschmelzung der Handwerkskammern mit den Industrie- und Handelskammern zu Gauwirtschaftskammern blieb von einer echten handwerklichen Selbstverwaltung nicht mehr viel übrig.

Durch das Gesetz über den vorläufigen Aufbau des deutschen Handwerks vom 29. November 1933 wurden der Reichswirtschaftsminister und der Reichsarbeitsminister ermächtigt, das deutsche Handwerk auf der Grundlage der allgemeinen Pflichtinnung neu aufzubauen.

In Ausführung dieses Gesetzes ist zunächst die Erste Verordnung über den vorläufigen Aufbau des deutschen Handwerks vom 15. Juni 1934 ergangen. Sie ermächtigte den Reichswirtschaftsminister zur Aufstellung eines Verzeichnisses der Gewerbe, die handwerksmäßig betrieben werden können; sie führte ferner die Pflichtinnung und die Kreishandwerkerschaft ein und regelte die Ehrengerichtsbarkeit im Handwerk.

Die Zweite Verordnung über den vorläufigen Aufbau des deutschen Handwerks vom 18. Januar 1935 regelte organisatorische Fragen der Handwerkskammern und übertrug die Aufsicht über sie auf den Reichswirtschaftsminister.

Die Dritte Verordnung über den vorläufigen Aufbau des deutschen Handwerks vom 18. Januar 1935 führte den „Großen Befähigungsnachweis" als Voraussetzung für den selbständigen Betrieb eines Handwerks als stehendes Gewerbe ein. Der Handwerksrolle kam hierbei konstituierende Wirkung zu. Über die Eintragung in die Handwerksrolle war eine Bescheinigung (Handwerkskarte) auszustellen.

Die Gauwirtschaftskammerverordnung vom 20. April 1942 löste die Handwerkskammern auf und überführte sie – ebenso wie die aufgelösten Industrie- und Handelskammern – in die neu gebildeten Gauwirtschaftskammern; diese wurden Rechtsnachfolger der Handwerkskammern. Die Sechste Verordnung zur Durchführung der Verordnung über die Vereinfachung und Vereinheitlichung der Organisation der gewerblichen Wirtschaft vom 23. März 1943 löste den Deutschen Handwerks- und Gewerbekammertag auf und überführte ihn in die Reichswirtschaftskammer. Die Innungen und Kreishandwerkerschaften verloren ihre Eigenschaft als Körperschaften des öffentlichen Rechts und waren fortan rechtsfähig kraft Gesetzes.

**Das Handwerk
in den Besatzungszonen**

Mit Ende des Zweiten Weltkrieges im Jahre 1945 wurde insbesondere auf diejenigen Teilbereiche des Handwerksrechts verzichtet, die eine spezielle nationalsozialistische Prägung aufwiesen. Die allgemeine Pflichtorganisation wurde weitgehend aufgegeben, Handwerkskammern sowie Industrie- und Handelskammern konstituierten sich an Stelle der Gauwirtschaftskammern, die Ehrengerichtsbarkeit trat außer Funktion. Im Wesentlichen wurde nur solches Handwerksrecht angewendet, das bereits vor 1933 gegolten hatte. Die Regelung über den „Großen Befähigungsnachweis" wurde zumeist beibehalten in der Erkenntnis, dass es sich hierbei keineswegs um ein spezielles nationalsozialistisches Prinzip handelte, sondern um eine Forderung, die im Handwerk seit jeher vertreten worden war.

Die Einheitlichkeit des Handwerksrechts ging verloren. Eine gesetzliche Neuregelung des Handwerksrechts erfolgte für die Länder der britischen Zone und in der französischen Zone für das Land Rheinland-Pfalz und das frühere Land Württemberg-Hohenzollern. In den Ländern der amerikanischen Zone und in dem früheren Land Baden wurden gesetzliche Regelungen des Handwerksrechts nicht vorgenommen. In diesen Ländern galt das bisherige Handwerksrecht insoweit weiter, als es nicht durch die Direktiven der Besatzungsmacht außer Kraft gesetzt worden war.

Die Regelungen der britischen Zone sowie für Rheinland-Pfalz und Württemberg-Hohenzollern behielten den „Großen Befähigungsnachweis" als Voraussetzung für die selbständige Ausübung eines Handwerks als stehendes Gewerbe ausdrücklich bei. Sie sahen Innungen, Kreishandwerkerschaften bzw. Kreisinnungsverbände, Handwerkskammern und Innungsverbände vor. In Rheinland-Pfalz und Württemberg-Hohenzollern bestand Pflichtzugehörigkeit zur Innung. Zu den Aufgaben der Handwerkskammern gehörte die Führung der Handwerksrolle und die Ausstellung der Handwerkskarte. Innungen, Kreishandwerkerschaften bzw. Kreisinnungsverbände und Handwerkskammern wurden als Körperschaften des öffentlichen Rechts konstituiert, letztere in der britischen Zone unter der Bezeichnung „Handwerkskammertag".

Die Direktiven der amerikanischen Militärregierung für die amerikanische Zone waren geprägt von dem Gedanken der Wiederherstellung der Gewerbefreiheit. Sie untersagten die Anwendung der Regelung über den „Großen Befähigungsnachweis" als Voraussetzung für die selbständige Ausübung eines Handwerks als stehendes Gewerbe. An ihre Stelle setzten sie die Möglichkeit von Lizenzierungsvorschriften für verschiedene Gewerbe einschließlich einiger Handwerkszweige, bei deren Ausübung nach der Auffassung der amerikanischen Militärregierung Belange der öffentlichen Gesundheit, Sicherheit und Wohlfahrt hätten berührt werden können. Handwerkskammern und Innungen waren nach den Grundsätzen der amerikanischen Militärregierung für Geschäfts- und Berufsvereinigungen zugelassen, allerdings kam ihnen weder die Stellung einer Körperschaft des öffentlichen Rechts zu noch durften sie staatliche Hoheitsaufgaben wahrnehmen. Die Mitgliedschaft war in jedem Falle freiwillig.

Die Handwerksordnung von 1953

Die Auswirkungen der allgemeinen Rechtszersplitterung im Handwerkswesen, wie sie vor allem im Verhältnis des Rechts in der amerikanischen Zone zu dem der britischen und französischen Zone zum Ausdruck kamen, wurden zum Antrieb für die neue deutsche Gesetzgebung, wieder ein einheitliches und dem damaligen Entwicklungsstand des Handwerks entsprechendes Handwerksrecht für das ganze Bundesgebiet zu schaffen. Am 6. Oktober 1950 brachten die Koalitionsparteien den „Entwurf eines Gesetzes über die Handwerksordnung" in den Bundestag ein.

Einflussreiche Stimmen in Wirtschaft, Politik und Presse wandten sich gegen das Streben des Handwerks nach einer bundeseinheitlichen Berufsordnung. Unterschiedliche Auffassungen über wichtige Bestandteile des Handwerksrechts innerhalb des Berufsstandes taten ein Übriges, so dass eine einheitliche handwerkliche Willensbildung erschwert wurde.

Am 26. März 1953 wurde das Gesetz zur Ordnung des Handwerks (Handwerksordnung) mit den Stimmen der Abgeordneten aller Parteien – mit Ausnahme der Kommunistischen Partei – verabschiedet. Die Handwerksordnung bedurfte zur Inkraftsetzung wegen des geltenden Besatzungsrechts, insbesondere der Direktiven über die Einführung der Gewerbefreiheit, der Zustimmung der Hohen Alliierten Kommission. Nachdem diese erteilt worden war, trat die Handwerksordnung am 24. September 1953 in Kraft.

Tragende Säule der Handwerksordnung war der handwerkliche Befähigungsnachweis. Er berechtigte vor allem dazu, in die Handwerksrolle eingetragen zu werden, was wiederum Voraussetzung für den selbständigen Betrieb eines Handwerks als stehendes Gewerbe war. Der Handwerksordnung wurde ein Gewerbeverzeichnis angefügt, das Bestandteil des Gesetzes war und 93 Gewerbe beinhaltete, die handwerklich betrieben werden konnten. Die handwerkliche Berufsausbildung und -fortbildung wurde als geschlossenes System mit drei Stufen (Lehrling, Geselle, Meister) konzipiert. Die Organisation des Handwerks wurde berufsständisch ausgestaltet. Den Kammern, Innungen und Kreishandwerkerschaften wurde die Eigenschaft einer öffentlich-rechtlichen Körperschaft zuerkannt. Die Innungen waren dabei freie Zusammenschlüsse ohne Pflichtmitgliedschaft.

Die Kammern sind die Selbstverwaltungskörperschaften des Handwerks, sie sind Dienstleister und nehmen als Interessenvertreter am politischen Prozess der Gesetzgebung teil: Vollversammlung der Handwerkskammer Koblenz, 2005

Die Novellierungen der Handwerksordnung

Die HwO-Novelle 1965

Die Handwerksordnung war bis zu ihrer ersten Novellierung mehr als zehn Jahre in Kraft. Inzwischen hatten sich aus der Anwendung des Gesetzes im Rahmen der Rechtsprechung, bei den allgemeinen Verwaltungsbehörden sowie bei den Handwerkskammern zahlreiche praktische Erfahrungen ergeben, die Änderungen und Ergänzungen des Gesetzes wünschenswert machten. Vor allem aber zeigte sich eine Änderung der bisherigen gesetzlichen Bestimmungen als notwendig, um dem Handwerksbetrieb zu ermöglichen, sich besser als bisher der technischen und wirtschaftlichen Entwicklung anpassen zu können. Auch war eine nähere Regelung bezüglich der Betreuung der handwerksähnlichen Gewerbe im Rahmen der Handwerksorganisation erforderlich geworden. Nicht zuletzt war eine Novellierung der Handwerksordnung angebracht, um die Umsetzung der Regelung über das Niederlassungsrecht und den freien Dienstleistungsverkehr innerhalb der EWG zu ermöglichen.

Die vom Bundestag im Juni 1965 verabschiedete Novellierung der Handwerksordnung führte den Begriff des „verwandten Handwerks" wieder ein. Ein Handwerker hatte nunmehr die Möglichkeit, den Betrieb auf verwandte Handwerke auszudehnen, ohne dass er für diese Handwerke zusätzliche Meisterprüfungen ablegen musste. Künftig konnten auch nicht rechtsfähige Gesellschaften des Bürgerlichen Rechts in die Handwerksrolle eingetragen werden, wenn der Befähigungsnachweis von demjenigen Gesellschafter erbracht wurde, der für die technische Leitung des Betriebes verantwortlich war. Der Bundesminister für Wirtschaft wurde ermächtigt, die Anlage A der Handwerksordnung – das Verzeichnis der Gewerbe, die als Handwerk betrieben werden können – insoweit durch Rechtsverordnung zu ändern, als notwendig werdende Änderungen von Berufsbezeichnungen ebenso wie Zusammenlegungen und Trennungen einzelner Handwerksberufe erforderlich waren. Die handwerksähnlichen Gewerbe wurden fortan bei der Handwerkskammer in eine Liste eingetragen und waren damit der Handwerkskammer zugehörig. Weitere Änderungen brachten die Gleichstellung von Prüfungen an Hochschulen und höheren technischen Lehranstalten mit der Meisterprüfung. Viele neue Regelungen waren getragen von den Gedanken der Modernisierung und elastischeren Gestaltung.

Die HwO-Novelle 1994

Die Handwerksordnung war seit 1965 im Wesentlichen unverändert geblieben. Insofern hatte sich erheblicher Novellierungsbedarf ergeben. In vielen Handwerksbereichen hatten sich die technischen und wirtschaftlichen Gegebenheiten spürbar verändert. Neue Techniken hatten im Handwerk Verbreitung gefunden. Die Forderungen der Abnehmer nach Informations- und Serviceleistungen durch handwerkliche Betriebe wurden lauter. Es war notwendig geworden, dass handwerkliche Betriebe miteinander kooperierten, um den

Erwartungen der Auftraggeber nach breit gefächerten Angeboten entsprechen zu können. Die Auftraggeber erwarteten mehr Leistungsangebote „aus einer Hand". Daraus ergaben sich neue Anforderungen auch an die rechtlichen Rahmenbedingungen, innerhalb derer sich die Handwerksbetriebe und ihre Organisationen betätigten.

Ein diese Belange berücksichtigender Gesetzentwurf der Fraktionen der CDU/CSU, der SPD und der FDP wurde am 2. Dezember 1993 vom Deutschen Bundestag einstimmig verabschiedet und trat am 1. Januar 1994 in Kraft.

Im Zentrum der neuen Bestimmungen standen die Regelungen, mit denen die Möglichkeiten zur „Leistung aus einer Hand" verbessert wurden. In der Novelle waren insgesamt vier Möglichkeiten vorgesehen, in anderen Handwerken tätig werden zu können. Zunächst waren Arbeiten in anderen Handwerken erlaubt, wenn sie das Leistungsangebot des ausgeübten Handwerks wirtschaftlich ergänzten oder ein technischer oder fachlicher Zusammenhang bestand. Darüber hinaus sollte derjenige, der bereits ein Handwerk betrieb, eine Ausübungsberechtigung für ein anderes Handwerk erhalten können, wenn er die hierfür erforderlichen Kenntnisse und Fertigkeiten nachwies. Eine Tätigkeit in einem anderen Handwerk war auch gestattet, wenn ein Betriebsleiter eingestellt wurde. Zudem konnten Verwandtschaften im Handwerk künftig unter erleichterten Voraussetzungen festgelegt werden.

Die HwO-Novelle 1998

Schon bei der Verabschiedung der Handwerksnovelle 1994 hatte der Ausschuss für Wirtschaft des Deutschen Bundestages mitgeteilt, dass er eine grundlegende Überarbeitung der Anlage A der Handwerksordnung für erforderlich hält. Ergebnis war das Zweite Gesetz zur Änderung der Handwerksordnung und anderer handwerksrechtlicher Vorschriften, das am 1. April 1998 in Kraft trat.

Durch die Überarbeitung der Anlage A zur Handwerksordnung sollte im Hinblick auf die Herausforderungen der Zukunft die Struktur der Handwerksberufe verbessert, die Flexibilität der Handwerker am Markt erhöht und der „Große Befähigungsnachweis" gestärkt werden. Die Handwerke sollten möglichst so angelegt werden, dass im Interesse der Kunden und der handwerklichen Unternehmen vermehrt Leistungen „aus einer Hand" möglich waren, und sie sollten so zugeschnitten sein, dass der Handwerker sich aus einem breiten Beruf heraus spezialisieren und an die wirtschaftliche Entwicklung anpassen konnte.

Die wichtigsten Maßnahmen zur Flexibilisierung der Anlage A waren die Zusammenfassung von Handwerken der Anlage A, die Festlegung von „Verwandtschaften" und die gesetzliche Zuordnung bestimmter „wesentlicher" Tätigkeiten auch zu anderen Handwerken. Sechs Handwerke wurden aus der Anlage A als „handwerksähnlich" in die Anlage B überführt. Im Ergebnis umfasste die Anlage A der Handwerksordnung statt bisher 127 Handwerksberufe nur noch 94 Handwerke; das entsprach in etwa dem Handwerksverzeichnis der Handwerksordnung von 1953, das 93 Handwerke enthielt.

Die HwO-Novelle 2004

Die Legitimation für die einschneidenden Rechtsänderungen der HwO-Novelle 2004 sah der Gesetzgeber in einer nicht mehr bloß konjunkturellen, sondern strukturellen Krise des Handwerks, die seit 1995 andauerte und durch die Handwerksordnung verursacht worden sei. Ziel der HwO-Novelle 2004 war, das Handwerksrecht zu modernisieren und zu verschlanken. Es sollte im Handwerk wieder mehr Existenzgründungen geben mit mehr langfristig gesicherten Arbeitsplätzen.

Während sich in einigen Handwerkszweigen ältere Traditionen über die Jahrhunderte erhalten haben, werden die rechtlichen Bedingungen handwerklicher Tätigkeit in unregelmäßigen Abständen verändert: Zimmerer als Zuschauer beim Finale des Fußballturniers „Meisterschuss! Der Fußball-Pokal des Handwerks in Rheinland-Pfalz", Koblenz 2005

Bei der „Kleinen HwO-Novelle" (Gesetz zur Änderung der Handwerksordnung und zur Förderung von Kleinunternehmen, in Kraft getreten am 30. Dezember 2003) geht es inhaltlich vor allem um eine Abgrenzung zwischen den noch zum Handwerk gehörenden Teiltätigkeiten mit dem Erfordernis der Meisterprüfung und solchen, die nicht dem Handwerksrecht und damit der Meisterprüfung unterliegen. Durch eine abstrakt beispielhafte Aufzählung in einem neuen Satz 2 in § 1 Abs. 2 HwO, wann eine nicht wesentliche, insbesondere einfache Tätigkeit eines Handwerks der Anlage A vorliegt, sollte der Anwendungsbereich der Handwerksordnung negativ abgegrenzt werden. Hiermit war eine Klarstellung zum Geltungsbereich der Handwerksordnung bezweckt. Die Regelung sollte der Rechtssicherheit in Bezug auf den geltenden Rechtsrahmen für die Existenzgründungen, zum Beispiel in Form der Ich-AG, dienen und zielte auf eine Erleichterung des Zugangs zu selbständiger Gewerbetätigkeit und damit von Existenzgründungen sowie auf die Sicherung und Schaffung von Arbeitsplätzen.

Kernstück der „Großen HwO-Novelle" (Drittes Gesetz zur Änderung der Handwerksordnung und anderer handwerksrechtlicher Vorschriften, in Kraft getreten am 1. Januar 2004) war eine ausdrückliche Erneuerung der gesetzgeberischen Zielbestimmung der Handwerksordnung. Während die Meisterprüfung als Berufszugangsregelung verfassungsrechtlich bislang im Hinblick auf das Grundrecht der Berufsfreiheit gemäß Art. 12 Abs. 1 GG mit der Erhaltung des Leistungsstandes und der Leistungsfähigkeit des Handwerks sowie der Sicherung des Nachwuchses für die gesamte gewerbliche Wirtschaft begründet wurde, stellte die Novelle nunmehr auf den Schutz von Gesundheit und Leben Dritter ab. Als weiteres Ziel blieb allein die Sicherstellung der hohen Ausbildungsbereitschaft im Handwerk bestehen. Insofern kam es zu einer Dreiteilung in zulassungspflichtige und zulassungsfreie Handwerke sowie handwerksähnliche Gewerbe. Dies führte zu einer beträchtlichen Reduzierung der Anlage A um 53 auf nunmehr 41 zulassungspflichtige Handwerke.

Hintergrund auch der „Großen HwO-Novelle" war die Absicht, die wirtschaftliche Entwicklung des Handwerks zu stärken, Existenzgründungen und Unternehmensnachfolgen zu erleichtern, Arbeitsplätze zu sichern sowie Impulse für neue Arbeits- und Ausbildungsplätze zu geben. Dem sollte auch die Einführung der „Altgesellenregelung" und die Aufhebung des „Inhaberprinzips" dienen. Nach der „Altgesellenregelung" erhalten Gesellen nach sechsjähriger Berufstätigkeit, von denen vier Jahre in leitender Stellung verbracht sein müssen, eine „Ausübungsberechtigung" und dürfen ohne Meisterprüfung selbständig tätig sein. Die Aufgabe des „Inhaberprinzips" bewirkte, dass es nunmehr für die Eintragung einer natürlichen Person in die Handwerksrolle ausreicht, wenn der Betriebsleiter die Voraussetzungen hierfür erfüllt.

Schlusswort

Die Geschichte der Handwerksordnung ist geprägt von Regulierung und Deregulierung. Stets folgte nach einer Phase der Deregulierung die Einsicht, dass ein zu großes Maß an Regelungsverzicht dem Handwerk nicht dienlich war. Mit der HwO-Novelle 1998 wurde eine neue Phase der Deregulierung eingeleitet, die mit der HwO-Novelle 2004 ihren vorläufigen Höhepunkt erreicht hat. Auch heute ist wiederum deutliche Skepsis angebracht, ob der als Folge der Gesetzesänderung beabsichtigte wirtschaftliche Aufschwung des Handwerks eintreten wird.

Literatur

Hans-Jürgen Aberle, Die Deutsche Handwerksordnung,
  Loseblattsammlung, Berlin.
Ludwig Fröhler, Anregungen für eine Novelle zur Handwerksordnung,
  Handwerksrechtsinstitut München E.V. 1962.
Karl Hartmann/Franz Philipp, Handwerksrecht, Handwerksordnung,
  Darmstadt/Berlin 1954.
Heinrich L. Kolb, Zweites Gesetz zur Änderung der Handwerksordnung
  und anderer handwerksrechtlicher Vorschriften, in: Gewerbearchiv 6 (1998),
  S. 217-223.
Joachim Kormann/Frank Hüpers, Das neue Handwerksrecht, Rechtsfolgen aus
  der HwO-Novelle 2004 für Handwerksbetriebe und Organisationen.
  Überblick, Zweifelsfragen und erstes Resümee, München 2004.
Robert von Landmann/Gustav Rohmer/Erich Eyermann/Ludwig Fröhler,
  Gewerbeordnung, Loseblattsammlung, München.
Jürgen Schwappach, Die Novelle zur Handwerksordnung,
  in: Gewerbearchiv 11/12 (1993), S. 441-445.
Hanns Schwindt, Kommentar zur Handwerksordnung,
  Bad Wörishofen 1954.

Überbetriebliche Lehrlingsunterweisung für Straßenbauer im HwK-Berufsbildungszentrum, 2004

Barbara Lorig | Irmgard Frank

„Übung macht den Meister"
Zum Wandel der handwerklichen Berufsqualifikation

Die Meisterprüfung ist die zentrale Fortbildungsprüfung im Handwerk. Dies ist sowohl auf die gesetzlichen Rahmenbedingungen – nur der Meister darf sein Handwerk selbständig ausüben und in diesem Lehrlinge ausbilden (Großer Befähigungsnachweis) – als auch auf die historischen Wurzeln der Handwerkstradition zurückzuführen. Das Streben nach Einführung des Großen Befähigungsnachweises findet seinen Ursprung im Mittelalter und ist an die Vorstellung geknüpft, dass die handwerkliche Ausbildung erst mit der Meisterprüfung abgeschlossen sei. Schon zu dieser Zeit war der Erwerb des Meistertitels in einigen Zünften an bestimmte Nachweise gebunden; bei den Kölner Bronzegießern wurde beispielsweise schon um 1300 die Anfertigung eines Meisterstücks eingeführt.

Dieser Artikel zeichnet die Entwicklung der Qualifikation der Meister von den Zünften bis zur Novellierung der Handwerksordnung 2003 nach. Besonders hervorgehoben werden dabei die Entwicklungen zwischen dem „Gesetz zur Ordnung des Handwerks" von 1953 und der Handwerksnovellierung 2003.

Die Qualifikation der Meister von den Zünften bis zur Novellierung der Handwerksordnung 2003

Das Zunfthandwerk vom Mittelalter bis zur Novelle der Gewerbeordnung 1897

Im Mittelalter schlossen sich die Handwerker in den Städten in der Regel zu Zünften zusammen. Nur den Mitgliedern der Zunft war die selbständige Ausübung des Handwerks und die Lehrlingsausbildung vorbehalten. Um in die Zunft aufgenommen zu werden, wurde die freie und eheliche Geburt verlangt, gelegentlich sogar die ehrliche Geburt, das heißt die Abstammung von Eltern mit „ehrlichem" Gewerbe.

Der traditionelle Ausbildungsweg umfasste die drei Stufen Lehrling – Geselle – Meister. In der Regel dauerte die Lehrlingszeit durchschnittlich drei bis vier Jahre. Währenddessen nahm der Meister den Lehrling in seinem Haus auf

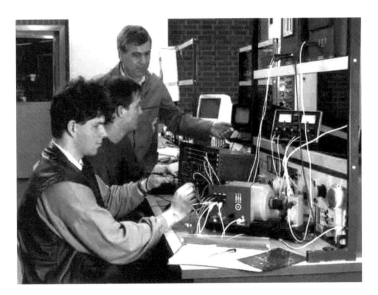

Überbetriebliche Lehrlingsunterweisung von Elektrotechnikern im HwK-Metall- und Technologiezentrum Koblenz, 1989

und erhielt für die verursachten Kosten das sogenannte „Lehrgeld". Eine Gesellenprüfung im heutigen Sinne gab es nicht, sondern eine Freisprechung vor der Zunft. Danach ging der Geselle zwei bis vier Jahre auf Wanderschaft, lernte bei fremden Meistern und wurde nach ein- bis zweijähriger Wartezeit von den Zunftvorstehern zum Meister ernannt. In einigen Fällen musste er sein handwerkliches Können in einem Meisterstück unter Beweis stellen.

Die Ausbildung war erst mit dem Erwerb des Meistertitels wirklich zum Abschluss gebracht. Der Gesellen-Status wurde als Zwischenstufe zum Meister angesehen – im Gegensatz zu heute, wo mit der Gesellenprüfung ein eigenständiger Berufsabschluss erworben wird.

Der Meister bildete nicht nur als fachlicher Experte, sondern vor allem als „Paterfamilias" die zentrale Figur der Handwerkslehre. Das schließt ein, dass „das Erlernen technischer Kenntnisse eingebunden war in das Erlernen eines zunftdienlichen Verhaltensmusters, seinerseits fest geknüpft an die christlich bestimmte Hausordnung, für deren Einhaltung der Meister den Seinen wie der Korporation gegenüber geradestand." (Karlwilhelm Stratmann 1997, S. 142). Der Lehrling lernte zuerst, sich sowohl in die Lebens- und Produktionsgemeinschaft des Meisters als auch in die Zunftordung zu fügen und die Lebensmuster einer hierarchisch gegliederten ständischen Gesellschaft zu akzeptieren und zu übernehmen. Damit „war die handwerkliche Berufserziehung primär eine Sozialisations- und weit weniger eine Qualifikationsmaßnahme." (Stratmann 1997, S. 151)

Dies belegt auch das vorherrschende didaktische Prinzip: Der Meister war Vorbild und der Handwerker-Nachwuchs hatte nachzuahmen. So heißt es in dem Handbuch eines Buchbindemeisters von 1784 unter der Überschrift „Wie gelernt und gearbeitet wird": „Der Lehrling ist verbunden, alles so zu machen, wie ich ihn anweise, und weder an den Handgriffen noch an der Art und Weise nach seinem eignen Sinne etwas zu ändern."

Im Zuge der Herausbildung des Bürgertums und des Bemühens um wirtschaftlichen Fortschritt wurde das Zunftwesen mit seinem korporativen Charakter zum Inbegriff des Traditionalismus. Die absolutistisch regierenden Territorialfürsten beschnitten zunehmend das Recht der Zünfte, die Berufsausbildung und die Berufsausübung nach eigenen Maßstäben zu ordnen. Mit diesem Eingriff in die Selbstverwaltungsfunktion der Zünfte sollten zum einen Handwerksmissbräuche verhindert und zum anderen die Intentionen der beginnenden staatlichen Gewerbeförderungspolitik vorangetrieben werden. In Preußen wurden zwischen 1734 und 1736 die sogenannten „Generalprivilegien" erlassen, die das Zunftwesen der Polizei-Aufsicht des Staates unterstellten und einzelne, den Lehrherrn betreffende Ausbildungspflichten festschrieben. Später wurde im Allgemeinen Preußischen Landrecht von 1794 angeordnet, dass nur der zünftige Meister Lehrburschen annehmen und Gesellen halten darf; gleichzeitig wurde die Meisterqualifikation an Nachweise wie das Vorlegen eines Meisterstücks vor den Zunftgenossen gebunden.

1810 wurde in Preußen die Gewerbefreiheit eingeführt, die eine Qualitätsverschlechterung in den gewerblichen Ausbildungsverhältnissen nach sich zog. Um den in den folgenden Jahren festgestellten desolaten Zustand des Lehrlingswesens, insbesondere der „Zuchtlosigkeit" der Lehrlinge, entgegenzuwirken, wurden in der Allgemeinen Preußischen Gewerbeordnung von 1845 und der Ergänzungsverordnung von 1849 folgende Bestimmungen für den Lehrherrn festgelegt:

- Er musste in sittlicher Hinsicht geeignet sein und bürgerliche Ehrbarkeit nachweisen. Bei grober Pflichtverletzung gegenüber dem Lehrling konnte ihm die Befugnis zum Ausbilden zeitweise oder für immer von der Regierung entzogen werden.
- Er hatte die ihm auferlegten Erziehungs- und Aufsichtspflichten zu erfüllen und den Lehrling zu Arbeitsamkeit und guten Sitten anzuhalten.
- Des weiteren legten die Verordnungen fest, dass für bestimmte Gewerbe die Befugnis zur Lehrlingshaltung an den Befähigungsnachweis in Form einer Prüfung gebunden war; zu dieser wurden nur Personen zugelassen, die das 24. Lebensjahr vollendet, das Gewerbe bei einem selbständigen Gewerbetreibenden erlernt und die Gesellenprüfung bestanden hatten.

Die Bindung der Lehrlingsausbildung an einen Befähigungsnachweis währte nicht lange. Seit 1860 gewannen die liberalen Kräfte an Einfluss und der Nachweis wurde mit der Gewerbeordnung des Norddeutschen Bundes 1869 wieder abgeschafft.

Doch schon nach wenigen Jahren setzte sich die Einsicht durch, dass „die Umsetzung der gesetzlichen Ausbildungsbestimmungen in praktikable und fachspezifisch ausgeformte Ordnungsvorschriften und ihre Kontrolle nicht als unmittelbare Staatsaufgabe geleistet werden kann, sondern als

Selbstverwaltungsaufgabe dem organisierten Handwerk übertragen werden"
muss (Wolfgang Stratenwerth 1990, S. 231). Mit der Innungsnovelle 1881
wurde der Aufbau eines leistungsfähigen Innungswesens und mit dem Gesetz
„betreffend die Abänderung der Gewerbeordnung" von 1897 die Errichtung
von Handwerkskammern vorangetrieben.

Von der Novelle der Gewerbeordnung 1897 bis zur Handwerksordnung 1953

Die Novellierung der Gewerbeordnung im Jahre 1897 prägte die Entwicklung
und Organisation des Deutschen Handwerks und damit auch die Handwerker-
qualifikation im 20. Jahrhundert. In dem vom Deutschen Reichstag verabschiedeten „Gesetz, betreffend die Abänderung der Gewerbeordnung" wurde
die Gesellenprüfung als Qualifikationsnachweis eingeführt, „der viele Fehler
der gewerbefreiheitlichen Epoche wieder gutzumachen ermöglichte."
(Stratmann 1990, S. 78) Damit verbunden war die erneute Einführung des
schriftlichen Lehrvertrages, die Errichtung des Lehrlingsregisters und die einheitliche Festlegung der Lehrzeit. Auf der strukturell-organisatorischen Ebene
wurde zur Vertretung der Interessen eines Bezirkes die Errichtung von Handwerkskammern beschlossen. Dies führte um die Jahrhundertwende zur Gründung von 71 Handwerkskammern im Deutschen Reich; auch wurde der
„Deutsche Handwerks- und Gewerbekammertag" als freie Vereinigung der
Meister aus 71 Handwerkskammern ins Leben gerufen. Vereintes handwerks-
politisches Ziel war die Verwirklichung

- des Kleinen Befähigungsnachweises, nach dem nur Lehrlinge ausbilden darf, wer eine Meisterprüfung, gleich in welchem Gewerbezweig, nachweisen kann
- und des Großen Befähigungsnachweises, der die Befähigung zur Führung eines Handwerksbetriebes und zum Ausbilden von Lehrlingen in einem Handwerk an die abgelegte Meisterprüfung in diesem Handwerk knüpft.

Auch Gestalten will gelernt sein.
Gestaltungslehrgang im HwK-
Metall- und Technologiezentrum
Koblenz, 2005

Im Mai 1908 wurde ein Teilerfolg der handwerkspolitischen Zielsetzungen
erreicht: Kaiser Wilhelm II. erließ nach vorheriger Zustimmung des Bundes-
rates und des Reichstages die folgende Änderung der Gewerbeordnung: „In
Handwerksbetrieben steht die Befugnis zur Anleitung von Lehrlingen nur den-
jenigen Personen zu, welche das vierundzwanzigste Lebensjahr vollendet und
eine Meisterprüfung abgelegt haben." (zitiert nach Herbert Blume 2000, S. 10)

Mit der Gesetzesnovellierung wurde die Ausbildungserlaubnis rechtlich an die
Meisterprüfung – und nicht wie bisher an die Gesellenprüfung oder eine fünf-
jährige Berufs- oder Werksmeistertätigkeit – gebunden. Hatte ein Meister die

Meisterprüfung in einem Handwerk abgelegt, durfte er Lehrlinge in jedem anderen Handwerk ausbilden. Damit war der kleine Befähigungsausweis etabliert.

Im Gegensatz zur Industrie, die ab 1900 ihre Lehrlingserziehung nach Ausbildungsplänen zu strukturieren begann und durch die Arbeiten des DATSCH (Deutscher Ausschuss für Technisches Schulwesen) maßgeblich bei der Ordnung der Berufe im gewerblich-technischen Bereich unterstützt wurde, hielt das Handwerk am didaktischen Prinzip der Offenheit der Ausbildung fest.

In den 1930er Jahren wurde mit dem Gesetz über den vorläufigen Aufbau des deutschen Handwerks von 1933 und den 1934 und 1935 folgenden Verordnungen der Große Befähigungsnachweis eingeführt und somit auf ordnungspolitischer Ebene festgeschrieben. Gleichzeitig folgte die staatliche Anerkennung der handwerklichen Ausbildungsberufe mit dem „Verzeichnis der Gewerbe, die handwerksmäßig betrieben werden können". Dieses Verzeichnis stellt den Vorläufer der Anlage A der Handwerksordnung dar, in der alle Gewerbe aufgelistet sind, die als Handwerk betrieben und in denen Meisterprüfungen abgenommen werden können. Im Anschluss an die Bekanntmachung des Verzeichnisses 1934 wurde die Arbeit an den „Fachlichen

Überbetriebliche Lehrlingsunterweisung für Maurer/Betonbauer im HwK-Berufsbildungszentrum Bad Kreuznach, 2004

Vorschriften zur Regelung des Lehrlingswesens" und den „Fachlichen Vorschriften für die Meisterprüfung" aufgenommen. Sie wurden vom Reichsstand des deutschen Handwerks und den zuständigen Innungsverbänden geschaffen und durch den Reichswirtschaftsminister erlassen. Mit den Fachlichen Vorschriften wurden alle fachlichen Fragen zur Berufsausbildung von der Lehre bis zur Meisterprüfung betriebsübergreifend geregelt und das Ausbildungs- und Prüfungswesen für die im Verzeichnis der Gewerbe 1934 festgelegten Handwerkszweige vereinheitlicht.

Nach dem Zweiten Weltkrieg ging es handwerkspolitisch erst einmal um die Überwindung der Zonengrenzen sowie die Wiederherstellung eines einheitlichen Handwerksrechts und einer eigenständigen Handwerksorganisation. Mit dem „Gesetz zur Ordnung des Handwerks (Handwerksordnung)" vom 17. September 1953 wurden die schon 1897 durchgesetzten handwerksrechtlichen Normen und organisationspolitischen Entscheidungen gesetzlich erneut verankert und der Große Befähigungsnachweis bestätigt.*

Von der Handwerksordnung 1953 bis zur Novellierung der Handwerksordnung 2003

Durch die Einführung des Großen Befähigungsnachweises in der Verordnung von 1935 und der Bekräftigung in der Handwerksordnung von 1953 war die Motivation der Gesellen gestiegen, nicht nur die Prüfung abzulegen, sondern sich auch gezielt darauf vorzubereiten. Die folgenden Jahre waren durch Gesetzesnovellierungen geprägt, die dazu dienten, das Handwerkswesen an die technischen, gesellschaftlichen und wirtschaftlichen Veränderungen anzupassen; gleichzeitig rückte die inhaltliche Ausgestaltung der Meisterprüfungen verstärkt in den Blick, insbesondere die berufs- und arbeitspädagogischen Kenntnisse.

Der folgende Abschnitt orientiert sich maßgeblich an den gesetzlichen Vorschriften. In ihnen sind die Prüfungsanforderungen für Meister festgelegt. Die Umsetzung der Prüfungsanforderungen in Fortbildungsinhalte und Rahmenlehrpläne wird im Rahmen dieses Aufsatzes nicht behandelt, da die konkrete inhaltliche Ausgestaltung der Meisterprüfungsvorbereitung in der Regel dezentral von unterschiedlichen Organisationen des Handwerks vorgenommen wird.

Im Oktober 1949 hielt Richard Sörensen, der spätere Präsident der Handwerkskammer Hamburg, ein Referat vor dem Hauptausschuss für Berufsausbildung der damaligen „Zentralarbeitsgemeinschaft des Handwerks im Vereinigten Wirtschaftsgebiet", in dem er forderte, in den Meisterkursen

---

* Anmerkung der Herausgeber: In Rheinland-Pfalz wurde bereits 1949 eine erste Handwerksordnung wieder in Kraft gesetzt.

nicht nur fachliches Wissen sondern auch berufspädagogische Fähigkeiten zu vermitteln. Diese vom Hauptausschuss akzeptierte Grundidee wurde relativ schnell von den meisten Kammern aufgegriffen und umgesetzt. Da die Erfahrungen fehlten, wurde auf Konzepte aus den USA zurückgegriffen. Die Handwerkskammer Hamburg entwickelte in Zusammenarbeit mit dem Pädagogischen Institut der Universität Hamburg zunächst „psychologisch-pädagogische Leitsätze für die Lehrlingsausbildung" und setzte sie im Anschluss daran 1955 in einen 40 Stunden-Lehrgang mit dem Namen „Wie man sich tüchtige Mitarbeiter schafft" um.

Diese berufserzieherische Komponente in den Lehrmeisterkursen war ordnungsrechtlich allerdings noch nicht Bestandteil der Meisterprüfung. In der Handwerksordnung von 1953 heißt es in § 41: „Durch die Meisterprüfung ist festzustellen, ob der Prüfling befähigt ist, einen Handwerksbetrieb selbständig zu führen und Lehrlinge ordnungsgemäß anzuleiten; sie hat insbesondere darzutun, ob der Prüfling die in seinem Handwerk gebräuchlichen Arbeiten meisterhaft verrichten kann und die notwendigen Fachkenntnisse sowie die erforderlichen betriebswirtschaftlichen, kaufmännischen und allgemeintheoretischen Kenntnisse besitzt."

In die nun folgenden ordnungsrechtlichen und konzeptionellen Arbeiten wurde das Institut für Berufserziehung im Handwerk zu Köln einbezogen. Es beschäftigte sich mit der Umsetzung von Prüfungsanforderungen in Lehrgangsinhalte und wurde seit 1954 durch entsprechende Beschlüsse der Spitzengremien des Handwerks mit der Erarbeitung der handwerklichen Berufsbilder beauftragt.

Mit der Novellierung der Handwerksordnung von 1965 wurde eine breiter gefasste Gestaltung des Großen Befähigungsnachweises erreicht. Durch die Aufnahme des Begriffs der „handwerksähnlichen Gewerbe" (Anlage B der Handwerksordnung) erhielt der Meister die Möglichkeit, auch die seinem gelernten Handwerk verwandten Gewerbe auszuüben, ohne für sie eine Meisterprüfung ablegen zu müssen.* Nach § 46 der Handwerksordnung von 1965 hat der Prüfling in der Meisterprüfung die „erforderlichen betriebswirtschaftlichen, kaufmännischen, rechtlichen und berufserzieherischen Kenntnisse" nachzuweisen.

Die pädagogische Qualifizierung der Ausbilder wurde durch das Berufsbildungsgesetz von 1969 vorangetrieben. Dort wird in § 20 die Berechtigung zum Einstellen und Ausbilden an die persönliche und fachliche Eignung der Ausbilder gebunden, wobei die fachliche Eignung ausdrücklich auch „die

---

* Anmerkung der Herausgeber: Mit der Novellierung der Handwerksordnung von 1965 wurde durch die Aufnahme der „handwerksähnlichen Gewerbe in der Anlage B der Handwerksordnung die Möglichkeit eröffnet, dem Handwerk verwandte Gewerbe auszuüben …".

erforderlichen berufs- und arbeitspädagogischen Kenntnisse" mit einbezieht. Diese werden nun nicht mehr in den von den Handwerkskammern erstellten Meisterprüfungsordnungen geregelt, sondern durch den Fachminister in der „Verordnung über gemeinsame Anforderungen in der Meisterprüfung im Handwerk", kurz AMVO, vom 12. Dezember 1972 erlassen.

Nach § 1 der AMVO umfasst die Meisterprüfung in Gewerben der Anlage A vier Prüfungsteile:
- die praktische Prüfung (Teil I)
- die Prüfung der fachtheoretischen Kenntnisse (Teil II)
- die Prüfung der wirtschaftlichen und rechtlichen Kenntnisse (Teil III)
- die Prüfung der berufs- und arbeitspädagogischen Kenntnisse (Teil IV)

Teil I und II der Meisterprüfung beinhalten die auf das einzelne Handwerk bezogenen und somit fachspezifischen Anforderungen; diese werden in Verordnungen zusammen mit dem Meisterprüfungsberufsbild vom zuständigen Fachministerium im Einvernehmen mit dem für Bildungsfragen verantwortlichen Bundesministerium erlassen.

Die Prüfungsteile III und IV sind dagegen bundeseinheitlich geregelt und damit für alle Handwerksberufe identisch.

Die in Teil IV aufgeführten berufs- und arbeitspädagogischen Kenntnisse gliedern sich in die folgenden vier Prüfungsfächer:
- Grundfragen der Berufsbildung
- Planung und Durchführung der Ausbildung
- der Jugendliche in der Ausbildung
- Rechtsgrundlagen für die Berufsbildung

Im handwerklichen Bereich stellen die berufs- und arbeitspädagogischen Kenntnisse somit eine Teilqualifikation der Meister dar, die im Rahmen der Vorbereitung auf die Meisterprüfung erworben und im Teil IV nachgewiesen werden muss. Im gewerblichen Bereich dagegen werden die berufs- und arbeitspädagogischen Kenntnisse als Zusatzqualifikation angeboten, die Ausbilder und Ausbilderinnen gesondert zur Erstausbildung erwerben müssen. Gesetzliche Grundlage ist die „Verordnung über die berufs- und arbeitspädagogische Eignung für die Berufsausbildung in der gewerblichen Wirtschaft (Ausbilder-Eignungsverordnung)", kurz AEVO, vom 20. April 1972. Allerdings weist die AMVO noch zusätzlich die Prüfungsfächer „Menschenführung", „Mitwirkung von Fachkräften in der Ausbildung" und „Lern- und Arbeitsgruppen" auf.

Der Bundesausschuss für Berufsbildung gab 1972 eine „Empfehlung für einen Rahmenstoffplan zur Ausbildung von Ausbildern" heraus, der die zu erwerbenden berufs- und arbeitspädagogischen Kenntnisse konkretisierte und auf dessen Grundlage Rahmenlehrpläne für einzelne Ausbildungsmaßnahmen erstellt werden sollten. Als erforderliche Mindeststundenzahl wurden 120 Stunden angesehen, im Idealfall sollte der Lehrgang allerdings 200 Stunden umfassen.

1973 wurde das Institut für Berufserziehung im Handwerk zu Köln, welches sich 1970 in Forschungsinstitut für Berufsbildung im Handwerk an der Universität zu Köln (FBH) umbenannt hatte, vom Deutschen Handwerkskammertag mit der Funktion einer Leitstelle für Fortbildungsmaßnahmen betraut. Seit 1969 gehörte auch die Erarbeitung von Meisterprüfungsregelungen zur Vorlage beim Bundesministerium zum Aufgabenbereich des FBH. Das Institut legte 1975 einen lernzielorientierten und in Unterrichtseinheiten gegliederten „Lehrplan für Ausbilderlehrgänge" vor, der sich sowohl in der Mindeststundenzahl als auch in der Stundenverteilung an der Empfehlung des Bundesausschusses für Berufsbildung orientierte.

In die Novellierung der Handwerksordnung von 1993 wurden die vier in der AMVO festgeschriebenen Prüfungsfächer der Meisterprüfung aufgenommen. Die in der Vorbereitung auf die Novellierung 1993 erstmals zurückgestellte Beschäftigung mit der Anlage A wurde nach intensiven und langwierigen Beratungen 1998 in der Handwerksordnung aufgegriffen; aus 127 Handwerksberufen wurden 94, die handwerksähnlichen Berufe erhöhten sich auf 57.

Trotz der vielen Gesetzesnovellierungen im Handwerk hat sich die Organisation des Meisterprüfungswesens in der zweiten Hälfte des 20. Jahrhunderts kaum verändert. Für jedes Handwerk sollen Prüfungsausschüsse eingerichtet werden, die die Meisterprüfungen abnehmen; dabei wird nach den von der Handwerkskammer erlassenen Meisterprüfungsordnungen vorgegangen. Als Vorbereitung auf die Meisterprüfung werden Lehrgänge angeboten; die ausbildenden Institutionen sind in der Regel in die Handwerksorganisationen eingebunden wie zum Beispiel Bundesfachschulen der Fachverbände, Gewerbeförderungsanstalten/Berufsbildungszentren der Handwerkskammern oder regionale Ausbildungsstätten von Handwerksinnungen.

Die Prüfungsanforderungen werden über die Entwicklung von Rahmenlehrplänen durch verschiedene Institutionen der Handwerksorganisation in Fortbildungsinhalte umgesetzt. Da die Rahmenlehrpläne keinen rechtsverbindlichen

Charakter besitzen, orientieren sich die ausbildenden Institutionen an den vorgeschlagenen Plänen und die konkrete Vorbereitung auf die Meisterprüfung kann dementsprechend sehr unterschiedlich aussehen.

Zusammenfassung

Die Qualifikation der Handwerker hat eine lange Tradition. Im Mittelalter reichte die Handwerkerausbildung vom Anbeginn der Lehre bis zur Ernennung zum Meister und war eng mit der Zunft, deren Lebensform und Bestimmungen verknüpft. Bis in die 1820er Jahre war es Brauch, dass der Lehrling während der Lehrzeit im Haus des Meisters wohnte, er also in die Lebens- und Produktionsgemeinschaft des Meisters eingebunden war.

Seit dem 18. Jahrhundert griffen die Regierenden zunehmend in die Rechte der Zünfte, die Berufsausbildung nach eigenen Maßstäben zu ordnen, ein; Befähigungsnachweise wurden vorgeschrieben und die Selbstverwaltungsfunktion der Zünfte beschnitten. 1897 wurde die Gesellenprüfung eingeführt und damit die Grundlage für den heutigen Berufsabschluss gelegt.

Im 20. Jahrhundert waren die Qualifikation der Meister und die Handwerksausbildung insgesamt durch eine zunehmende rechtliche und inhaltliche Ausgestaltung geprägt.

Mit der Handwerksordnung von 1934 wurden die Handwerksberufe staatlich anerkannt und der Große Befähigungsnachweis eingeführt, der die Führung eines Betriebes und die Ausbildung von Lehrlingen in einem bestimmten Handwerk an die abgelegte Meisterprüfung in diesem Handwerk band. Seit der Mitte des 20. Jahrhunderts rückt die inhaltliche Ausgestaltung der Meisterprüfungsvorbereitungen verstärkt in den Blick, die Anforderungen für die Meisterprüfung wurden gesetzlich vorgeschrieben.

Diskussionsstoff waren und sind bis heute die arbeits- und berufspädagogischen Kenntnisse; im gewerblichen Bereich wurde der Nachweis der Ausbildereignungsprüfung (AEVO) 2003 mit der Intention ausgesetzt, die Betriebe zur Bereitstellung von mehr Ausbildungsplätzen zu motivieren. Im handwerklichen Bereich sind die berufs- und arbeitspädagogischen Kenntnisse nach wie vor fester Bestandteil der Meisterprüfung. Im Jahre 2008 endet die Probephase der Aussetzung der AEVO; danach wird unter anderem zu klären sein, ob durch das Aussetzen mehr Ausbildungsplätze in den Betrieben angeboten worden sind und ob an der bisherigen Regelung eines gesonderten Qualifizierungsnachweises festgehalten werden soll.

Allerdings wurden mit der Novellierung der Handwerksordnung und anderer handwerksrechtlicher Vorschriften Ende 2003 die Handwerke, deren Ausübung an die Ablegung der Meisterprüfung – und damit der AMVO – gebunden sind (Anlage A), von 94 auf 41 reduziert. Die 53 herausgenommenen Handwerke wurden in die Anlage B überführt, die nun in „zulassungsfreie Handwerke" und „handwerksähnliche Gewerbe" unterteilt ist. Damit hat die Anzahl der Handwerke, für die der Große Befähigungsnachweis gilt, in den letzten Jahrzehnten kontinuierlich abgenommen.

Literatur

Herbert Blume, Ein Handwerk – eine Stimme. 100 Jahre Handwerkspolitik, hrsg. vom Zentralverband des Deutschen Handwerks, Berlin 2000.

Wolf-Dieter Gewande, Historische Entwicklung der staatlich anerkannten Ausbildungsberufe im Handwerk und ihrer Ordnungsmittel von 1934-1999 – unter Berücksichtigung der mit deutschen Ausbildungsberufen gleichgestellten österreichischen Lehrberufe und gleichwertigen Facharbeiterberufen aus der ehemaligen DDR. http://www.zdh.de/fileadmin/user_upload/themen/Bildung/Ausbildungsverordnungen/genealogie.pdf (Stand vom 30.01.2006)

Frauke Ilse, Pädagogische Qualifikationen in der Weiterbildung zum Handwerksmeister, in: Lamszus (Hrsg.), Weiterbildung, S. 105-124.

Bernd-Uwe Kiefer, Die Fortbildung zum Handwerksmeister – zwischen Tradition und moderner Unternehmerschulung, in: Lamszus (Hrsg.), Weiterbildung, S. 83-104.

Hellmut Lamszus (Hrsg.), Weiterbildung im Handwerk als Zukunftsaufgabe, Ausbildung, Fortbildung, Personalentwicklung, Bd. 30, Berlin 1990.

Max Liedtke (Hrsg.), Berufliche Bildung – Geschichte, Gegenwart, Zukunft, Bad Heilbrunn 1997.

Paul Schrömbges, Aspekte der Berufsausbildung im spätmittelalterlichen Köln, in: Liedtke, Berufliche Bildung, S. 113-136.

Wolfgang Stratenwerth, Die pädagogische Qualifizierung des Handwerksmeisters in entwicklungsgeschichtlicher Betrachtung, in: Walter Scheer/Helmut Schubert (Hrsg.), Berufsbildung im Handwerksbetrieb. Weiterbildung der Unternehmer und Mitarbeiter, Alfeld 1990, S. 227-237.

Karlwilhelm Stratmann, Die Geschichte der Berufserziehung in der ständischen Gesellschaft (1648- 1806), in: Max Liedtke (Hrsg.), Berufliche Bildung, S. 139-175.

Karlwilhelm Stratmann, Zur Geschichte der Berufsbildung im Handwerk, in: Lamszus (Hrsg.), Weiterbildung im Handwerk als Zukunftsaufgabe, S. 71-82.

Stillleben mit Doktorhut. Handwerk und Wissenschaft, Lehre und Studium liegen näher beieinander als oft vermutet.

Martin Twardy

Entwicklungen und Innovationen in Aus- und Weiterbildung im Handwerk*

Wirtschaftliche und gesellschaftliche Rahmenbedingungen

Das Handwerk ist in Deutschland einerseits ein zentraler Wirtschaftsfaktor und damit andererseits auch für viele Jugendliche ein Bereich, in dem sie erste und wichtige Erfahrungen mit der Berufswelt machen. Trotz der in allen Wirtschaftsbereichen rückgängigen Ausbildungszahlen seit Mitte der 1990er Jahre ist gerade das Handwerk nach wie vor eine Lebens- und Arbeitswelt für viele Jugendliche und eine Existenz sichernde Basis für Millionen Menschen. Nach Informationen des Zentralverbandes des Deutschen Handwerks (vgl. www.zdh.de) arbeiten in rund 887.000 Betrieben knapp 5 Millionen Menschen. Dort erhalten fast 500.000 Lehrlinge eine qualifizierte Ausbildung. Damit sind 12,8 Prozent aller Erwerbstätigen und rund 31 Prozent aller Auszubildenden in Deutschland im Handwerk tätig. Im Jahr 2004 erreichte der Umsatz im Handwerk rund 462 Milliarden Euro. Um die Leistungsfähigkeit des Handwerks auch zukünftig zu gewährleisten, sind umfangreiche Innovationen in Aus- und Weiterbildung in Gang gesetzt worden. Besonders im Bereich der beruflichen Bildung hat das Handwerk in vielen Fällen wesentliche Impulse für notwendige Veränderungen geliefert. Nachfolgend werden einige maßgebliche Entwicklungen und Innovationen in der Aus- und Weiterbildung (insbesondere die Meisterqualifizierung) im Handwerk aus berufspädagogischer Perspektive dargestellt.

Entwicklungen und Innovationen in der Ausbildung im Handwerk

Im Jahr 2004 konnten im Handwerk ca. 172.000 Ausbildungsverträge geschlossen werden. Dies entspricht einer Ausbildungsquote von ungefähr 10 Prozent. Gesamtwirtschaftlich ist das Handwerk mit 29,4 Prozent der abgeschlossenen Ausbildungsverträge nach Industrie und Handel mit 56,3 Prozent der zweitgrößte Ausbilder in Deutschland. Im Rahmen des mit der Bundesregierung geschlossenen Ausbildungspaktes versucht die Wirtschaft faktisch jedes Jahr aufs Neue die Lehrstellenlücke am Ausbildungsmarkt zu schließen. Die Anstrengungen, die hier insbesondere auch durch umfangreiche

---

* Mein besonderer Dank gilt an dieser Stelle Herrn Dr. U. Schaumann und Frau T. Heinsberg für ihre wertvolle Unterstützung.

Nachvermittlungsaktionen unternommen werden müssen, dürften jedoch nicht geringer werden. In den letzten Jahren sind deutliche Rückgänge beim Angebot von Ausbildungsplätzen zu verzeichnen. Die Spitzenorganisationen des Handwerks und insbesondere der Zentralverband des Deutschen Handwerks sehen die Gründe für einen Rückgang bei den geschlossenen Ausbildungsverträgen, der sich ohne die Nachvermittlungen zum Stichtag 31. August eines Jahres feststellen lässt, vor allem in der anhaltenden Stagnation der Binnenkonjunktur und dem damit verbundenen Rückgang des Auftragsvolumens. Zudem wird eine deutliche Verschärfung des Wettbewerbs („ruinöser Wettbewerb") durch die Abschaffung der Meisterprüfungspflicht in vielen Handwerken in Verbindung mit der EU-Osterweiterung als Zerstörung der „ausbildungsfördernde(n) Substanz vieler Handwerksbetriebe" (Friedrich-Hubert Esser, 2005) konstatiert. Soll auch zukünftig ein leistungsfähiges duales System der Berufsbildung erhalten bleiben – und davon ist auszugehen – müssen Wirtschaft und Politik unter den sich ändernden Rahmenbedingungen zukünftig verstärkt daran arbeiten, die Attraktivität der dualen Ausbildung gerade für die Wirtschaft zu erhalten oder zu steigern.

Allerdings reicht hierfür die Schaffung günstiger wirtschaftspolitischer Rahmenbedingungen häufig nicht aus, um die betriebliche Seite der Ausbildung dazu zu bewegen, verstärkt auszubilden. Die geringere Ausbildungsbereitschaft der Betriebe lässt sich mehr als ein Jahrzehnt zurückverfolgen. Andererseits wird von betrieblicher Seite oftmals die fehlende Ausbildungsreife der Jugendlichen kritisiert und als Hinderungsgrund für die Einstellung von Auszubildenden angesehen. Allerdings ist dieses Konstrukt „Ausbildungsreife" mit seiner Breite und Diffusität kaum wissenschaftlich präzisiert und erforscht. Häufig werden die Forderungen der Wirtschaft zur näheren Bestimmung dieses Konstrukts herangezogen. Im Bereich der Fachkompetenz werden in diesem Kontext insbesondere Defizite in den Fachgebieten Mathematik und Deutsch, zuweilen auch im Bereich der Naturwissenschaften, angemahnt. Persönliche Kompetenzen, die von Seiten der Wirtschaft vermisst werden, sind beispielsweise Zuverlässigkeit, Ausdauer, Lern- und Leistungsbereitschaft, Konzentrationsvermögen etc. Als zentrale soziale Kompetenzen werden Teamfähigkeit, Konfliktfähigkeit, Höflichkeit und Toleranz von den Schulabgängern eingefordert.

Um das „Auseinanderklaffen" der Schere in Bezug auf eine angemahnte geringere Ausbildungsreife der Jugendlichen einerseits und eine festzustellende geringere betriebliche Ausbildungsbereitschaft andererseits zu minimieren, führt das Handwerk vielfältige Maßnahmen und Aktivitäten durch.

Zur Verbesserung der Aufklärung von Jugendlichen über die Vielzahl und auch Vielschichtigkeit der Karriereperspektiven von Handwerksberufen bieten insbesondere die Handwerkskammern umfangreiche Informations- und Beratungsveranstaltungen an. Hierdurch erfahren Jugendliche, dass gerade in Branchen, die nicht überlaufen sind und in denen es offene Stellen gibt, hervorragende Beschäftigungs- und Karrierechancen bestehen. Hierzu müssen jedoch auch die allgemeinbildenden Schulen, oftmals mehr als in der Vergangenheit, verstärkt in Kooperation mit den Handwerkskammern Aufklärungsarbeit leisten. Dies darf nicht nur – wie es erfreulicherweise auch geschieht – vom Engagement hochmotivierter Lehrkräfte abhängen, sondern sollte vermehrt strukturell verankert werden. Die hiermit betonte konstruktive Verzahnung von allgemeiner und beruflicher Bildung ist dringender denn je erforderlich.

Als weitere Maßnahme, die das erwähnte Auseinanderklaffen verringern hilft, kann das Instrument der so genannten „Einstiegsqualifizierung Jugendlicher (EQJ)" angeführt werden. Hiermit wurde ein attraktives Angebot für Handwerksbetriebe gerade zum Kennenlernen der (potenziellen) Auszubildenden geschaffen. Für die EQJ werden Qualifizierungsbausteine – mittlerweile ein neuer Bereich der beruflichen Bildung – herangezogen, die typische Geschäfts- und Handlungsfelder des jeweiligen Ausbildungsberufs repräsentieren. Während der sechs- bis zwölfmonatigen Dauer der EQJ können Jugendliche unter 25 Jahren, die keine Lehrstelle gefunden haben, einen Ausbildungsberuf, einen Betrieb und das Berufsleben kennen lernen. Die Kammern erschließen aufgrund ihres besonderen persönlichen Kontaktes zu den Betrieben vielfach Praktikums- aber auch Ausbildungsplätze für die Jugendlichen. So wurden von Oktober 2004 bis April 2005 im Handwerk insgesamt 4.665 Verträge zur Einstiegsqualifizierung abgeschlossen, knapp ein Drittel mit jungen Frauen. Die einstiegsqualifizierenden Maßnahmen werden im Handwerk weitreichend akzeptiert: Aus einer Befragung von 638 nordrhein-westfälischen Handwerksbetrieben geht hervor, dass 97 Prozent der Betriebe die Einstiegsqualifizierung positiv bewerten und 84 Prozent im Folgejahr erneut einen Platz anbieten wollen. Darüber hinaus kann festgehalten werden, dass bundesweit 60 Prozent der Teilnehmer im Anschluss an die EQ in eine betriebliche Ausbildung übernommen wurden. Dieses Erfolgsmodell des Handwerks soll auch in Zukunft fortgeführt bzw. ausgebaut werden.

Im Rahmen des Strukturkonzeptes „Aus- und Weiterbildung nach Maß", das vom Zentralverband des Deutschen Handwerks vorgestellt wurde, werden weitere Eckwerte für eine zukünftige Gestaltung der beruflichen Bildung im Handwerk diskutiert. Hiernach käme es zukünftig darauf an,

Das Handwerk zeigt sich auch mit der ständigen Weiterentwicklung im Bereich der Aus- und Weiterbildung innovativ: Meisterfeier der Handwerkskammer Koblenz 2006

die „Fortbildungsebene zwischen Geselle und Meister weiter auszubauen" und in diesem Zusammenhang „die Transparenz und Vergleichbarkeit der Abschlüsse und die Anrechenbarkeit auf eine nachfolgende Meisterprüfung" (Peter-Werner Kloas, 2002) voranzutreiben. Eine in diesem Sinne entwickelte Maßnahme und ein empirisch bereits durch das Forschungsinstitut für Berufsbildung im Handwerk an der Universität zu Köln erprobtes Konzept ist der/die „Meisterassistent/-in im Handwerk".* Hierbei können bereits während der Ausbildung Zusatzqualifikationen im Bereich betriebswirtschaftlicher, kaufmännischer und rechtlicher sowie arbeits- und berufspädagogischer Qualifikationen erworben werden (gleichwertig zu den Teilen III und IV der Meisterprüfung), die in Abschlüsse der mittleren Fortbildungsebene einmünden. Durch die aufstiegsqualifizierenden Maßnahmen soll besonders der Zielgruppe der leistungsstarken Jugendlichen im Handwerk begegnet werden. In neuen Angeboten, wie zum Beispiel dem Konzept „Lehre plus" („Lehre plus berufliche Weiterbildung" und „Lehre plus Studium"), kann in bestimmten Fällen ein Vorwegnehmen von Fortbildungsabschlüssen – die gleichzeitig als Teil der Meisterprüfung anerkannt sind – erreicht werden. Für das Handwerk ist damit das Ziel verbunden, die Attraktivität der Lehre zu erhöhen und leistungsstarke Jugendliche, die bisher als Zielgruppe im Handwerk unterrepräsentiert sind, aber dringend für Leistungsaufgaben benötigt werden, für eine handwerkliche Berufsausbildung zu gewinnen.

Entwicklungen und Innovationen in der Weiterbildung – am Beispiel der Meisterqualifizierung

Nicht jede Entwicklung im Handwerk entspricht einer positiv zu bewertenden Innovation, wie Folgendes zeigt. Im Kontext der handwerklichen Meisterqualifizierung wurden aus wirtschaftspolitischen Bestrebungen heraus Maßnahmen mit dem Ziel entwickelt, Strukturverbesserungen auf den Handwerksmärkten zu realisieren und damit zu mehr Wachstum und Beschäftigung beizutragen. So wurden zum 1. Januar 2004 mit der Reform der Handwerksordnung von den vorher 94 Vollhandwerken 53 Handwerke der Anlage A in die Anlage B überführt und damit für die Existenzgründung dieser Anlage B-Gewerbe eine fakultative Meisterprüfung verabschiedet. Zielsetzung der in dieser

* Anmerkung der Herausgeber: Zusammen mit der Handwerkskammer Koblenz wurde in diesem Rahmen das Betriebsassistentenmodell erfolgreich eingeführt.

Form nicht handwerkspolitisch initiierten Reform der Anlage A der Handwerksordnung soll im Wesentlichen sein, überflüssige Regulierungen im Handwerksrecht abzubauen und Handwerke mit einem breiten Leistungsangebot aus einer Hand zu schaffen. Durch die Überarbeitung der Anlage A soll:
- die Struktur der Handwerksberufe verbessert
- die Flexibilität der Handwerker im Markt weiter erhöht
- der große Befähigungsnachweis gestärkt werden.

Eine Ausweitung der Wettbewerbsfähigkeit soll ferner Impulse zur Sicherung der Beschäftigung und Ausbildung schaffen und auch die Attraktivität handwerklicher Existenzgründungen erhöhen. Ob diese Ziele jedoch nachhaltig erreicht werden können, ist zumindest fraglich.

Seit Inkrafttreten des neuen Handwerksrechts 2004 ist zwar die Zahl von neu eingetragenen Handwerksbetrieben sprunghaft angestiegen. Auch wuchs zum Jahresende 2004 der Betriebsbestand im Gesamthandwerk gegenüber Anfang Januar 2004 um 4,8 Prozent oder um 40.712 Betriebe. Damit wurden zum 31.12.2004 insgesamt 887.300 Betriebe gezählt.

Die gestiegenen Betriebszahlen resultieren aber vor allem aus einem starken Zuwachs in den zulassungsfreien B1-Handwerken. Bis Ende Dezember 2004 wurden hier 102.568 Betriebe bzw. ein relativer Zuwachs von 36,9 Prozent gegenüber dem Jahresanfang registriert.

Bei näherer Betrachtung muss der beschriebene absolute Zuwachs jedoch deutlich relativiert werden, denn es lässt sich ein enger Zusammenhang zwischen Arbeitslosigkeit in den Regionen und der Betriebsentwicklung erkennen: So sind vor allem die neuen Bundesländer hieran maßgeblich beteiligt. Es lässt sich vermuten, dass viele der Betriebe aus der Arbeitslosigkeit gegründet werden bzw. dass Arbeitslose durch den Existenzgründungszuschuss und aufgrund von Perspektivlosigkeit, eine reguläre Beschäftigung finden zu können, regelrecht in die Selbständigkeit gedrängt werden. Einzelne ostdeutsche Handwerkskammern melden einen Anteil von Ich-AGs an den Neugründungen in den B1-Handwerken von bis zu 47 Prozent.

Vor diesem Hintergrund zeichnet sich eine weitere – durchaus als kritisch zu bewertende – Entwicklung ab: 81,3 Prozent aller Gründungen in den zulassungsfreien B1-Handwerken erfolgten im Jahr 2004 ohne eine fachspezifische Qualifikation; lediglich 12,0 Prozent der Gründer hatten eine Gesellenprüfung, nur 6,6 Prozent konnten eine Meisterprüfung oder eine zur Meisterprüfung vergleichbare Qualifikation nachweisen.

In Relation zu der Entwicklung des Betriebsbestandes nahm die Ausbildungsleistung der B1-Handwerke nur geringfügig zu: Insgesamt standen 2004 den 27.628 zusätzlichen B1-Betrieben gerade einmal 293 zusätzliche Ausbildungsverhältnisse gegenüber. Der Grund hierfür wird in den zumeist neu gegründeten Ein-Personen-Unternehmen gesehen, die schon aufgrund ihrer geringen Größe, der zumeist starken Spezialisierung und des hohen Betreuungsbedarfs in der Regel nicht ausbilden können.

Es kann vor dem Hintergrund dieser ersten Fakten zu den Auswirkungen der HwO-Novelle zumindest als fraglich angesehen werden, ob unter den gesamtgesellschaftlich notwendigen Bedingungen der Erhaltung einer hohen Ausbildungsleistung durch Handwerksbetriebe sowie der Erhaltung einer hohen Qualität von handwerksbezogenen Dienstleistungen für das Gemeinwohl die Abschaffung der Meisterpflicht in dieser umfangreichen Form zweckdienlich ist. Demgegenüber soll hier aber auf eine insgesamt positive Entwicklung im Bereich der strukturellen Veränderung in der Weiterbildung nachfolgend hingewiesen werden.

Die hohe Qualität handwerksbezogener Dienstleistungen ist untrennbar mit der Qualität der Meisterausbildung und -prüfung verbunden. Hier kann in den letzten Jahren ein deutlicher Fortschritt durch strukturelle Veränderungen der Meisterprüfungsverordnungen verzeichnet werden. Auch durch die Mitarbeit des Forschungsinstituts für Berufsbildung im Handwerk an der Universität zu Köln wurden zentrale Neuerungen zur Umsetzung praxisnaher Anforderungen in die Meisterausbildung vorgenommen. Die wesentlichen strukturellen Innovationen der neu geordneten Meisterprüfungsverordnungen werden nachfolgend mit Blick auf den berufspädagogischen Kontext kurz erläutert.

Teil I der Meisterprüfung

In Teil I der Meisterprüfung steht die Berücksichtigung qualifizierter Anforderungen im Mittelpunkt, die vor allem das „unmittelbare Tagesgeschäft" eines Meisters mittels zumeist vielfältiger Kundenanforderungen betreffen. Die Gestaltung von weitgehend vollständigen Lösungen ganzheitlicher Kundenwünsche und -probleme ist fundamental. Um die unterschiedlichen handwerklich-fachlichen und berufsbezogen-unternehmerischen Anforderungen angemessen im Rahmen der Teil I Prüfung abbilden zu können, sieht die Meisterprüfungsverordnung unterschiedliche Prüfungsbereiche (Meisterprüfungsprojekt und Fachgespräch und gegebenenfalls Situationsaufgabe) vor.

Meisterprüfungsprojekt

Mit dem Begriff „-projekt" wird eine ganzheitliche Betrachtung sämtlicher Arbeiten, die in der Regel unter § 4 von neu geordneten Meisterprüfungsverordnungen zu leisten sind, zum Ausdruck gebracht. Die handwerkliche Praxis eines Meisters erfordert nicht nur handwerklich-technische, sondern darüber hinaus auch diverse planerische Aktivitäten und Kontrollarbeiten. Gerade durch das ganzheitliche Erfassen der beruflichen Wirklichkeit eines Meisters (Handwerksunternehmers) kommt auch ein deutlicher Unterschied zu den Aktivitäten eines Gesellen zum Ausdruck.

Im Mittelpunkt der Bewertung eines Meisterprüfungsprojekts steht letztlich die Einschätzung des Prüfungsausschusses darüber, ob der zukünftige Meister aufgrund seiner Leistungen im Projekt – vermutlich – in der Lage sein wird, wesentliche komplexe Anforderungen eines Handwerksunternehmers (technisch, kaufmännisch, organisatorisch, ökologisch etc.) am Markt erfolgreich (!) zu erfüllen. Auch wenn dies in einer Prüfung immer nur exemplarisch erfolgen kann, so sind die Detailbewertungskriterien der Prüfungsausschussmitglieder grundsätzlich hieran auszurichten.

Fachgespräch

Im Fachgespräch „verteidigt" der Prüfling sein Meisterprüfungsprojekt vor einem Expertenkreis (Prüfungsausschuss). Da das Meisterprüfungsprojekt prinzipiell eine konkrete Umsetzung eines Kundenauftrags darstellt, hat der Prüfungsausschuss im Fachgespräch vor allem die Aufgabe, die Qualität der Umsetzung der Kundenanforderungen durch das Projekt zu überprüfen.
Als sehr hilfreich für die Gestaltung des Fachgesprächs hat sich auch die Übernahme der Rolle des Kunden durch einen oder mehrere Prüfungsausschussmitglieder in der Prüfungspraxis erwiesen. Die Aufnahme einer solchen (wohlwollenden) Kundenperspektive – die ablauforganisatorisch jedoch dem Prüfling bekannt gegeben werden sollte – ermöglicht das Schaffen wesentlicher Elemente eines praxisorientierten Kundengesprächs. Hierdurch kann der Prüfling nicht nur sein fundiertes Fachwissen, sondern beispielsweise auch seine – zunehmend wichtiger werdende – Fähigkeit, kundenangemessen zu kommunizieren, in den Vordergrund stellen.

Die Handwerkskammer informiert über Berufsbilder und Qualifikationsmöglichkeiten auf dem „Markt der Möglichkeiten" im HwK-Metallzentrum/HwK-Bauzentrum, Koblenz 2000

Situationsaufgabe

Während im Meisterprüfungsprojekt vielfältige zusammenhängende handwerksunternehmerische Qualifikationen abgeprüft werden, stehen im Rahmen der Situationsaufgabe – in Ergänzung zum Meisterprüfungsprojekt – die besonderen handwerklichen Kompetenzen eines zukünftigen Meisters im Mittelpunkt. Auch hier muss sich aber das Niveau der Leistungen deutlich von einem „einfachen" Gesellenniveau unterscheiden. Vergleichbar zum Projekt ist auch hier eine ganzheitliche Aufgabe (bzw. systematisch aufeinander aufbauende Teilaufgaben) zu bearbeiten, die in dieser Form auch in der Praxis „draußen" durchgeführt wird bzw. werden könnte.

Teil II der Meisterprüfung

In Teil II der Meisterprüfung steht die Berücksichtigung der Anforderungen im Mittelpunkt, die gewissermaßen auch mittelbar Einfluss auf die erfolgreiche Erfüllung des Tagesgeschäfts haben. Hierzu gehören im Kern die ganzheitliche Bearbeitung qualifizierter (meisterlicher) fachlich-technischer Sachverhalte, Anforderungen der Auftragsabwicklung und Anforderungen der Betriebsführung und -organisation.

Betriebe, die ausbilden, investieren in ihre Zukunft: ein Teil der Auszubildenden der Fuhrländer AG in Waigandshain, Westerwald, 2003

Wie bereits erläutert, muss der Prüfling in Teil I der Meisterprüfung zu einem Großteil unter Beweis stellen, dass er die qualifizierten Anforderungen der Praxis „in eigenes Denken, Handeln bzw. Arbeiten" zunächst übersetzen sowie anschließend weitgehend konkret erfüllen bzw. umsetzen kann. Aufgrund der Notwendigkeit, in Teil I der Prüfung auch einen hohen Anteil konkreter handwerklich-technischer Arbeiten unter Prüfungsbedingungen durchzuführen (das heißt Erfüllen bzw. Umsetzen von qualifizierten Anforderungen der Praxis), ist die Auswahl der Möglichkeiten (die sich letztlich in konkreten Kundenanforderungen widerspiegeln können) auch aus organisatorischen Gründen begrenzt.

Diese Art der Beschränkung existiert in Teil II grundsätzlich nicht. Sämtliche qualifizierte Fälle und Sachverhalte aus der beruflichen Praxis können im Rahmen der entsprechenden Handlungsfelder herangezogen und zu Prüfungsaufgaben verdichtet werden. Der von manchen empfundene vermeintliche Nachteil des „nur theoretischen Durchdenkens" von praxisorientierten Sachverhalten wird aufgrund der vielfältigen Gestaltungsmöglichkeiten von praxisnahen (Fall-)Aufgaben – gerade ohne die Notwendigkeit einer unmittelbaren konkreten praktisch-technischen Umsetzung (!) – somit zum entscheidenden Vorteil von Teil II-Prüfungen. Die vielfältige Breite und Tiefe eines Berufs kann – gerade mit Blick auf die bewusst teilweise interpretationsoffen formulierten Qualifikationen – in Teil II der Meisterprüfung sehr umfangreich repräsentiert werden.

Handlungsfelder

Die Handlungsfelder in Teil II der Meisterprüfung umfassen konkrete berufliche Qualifikationsanforderungen, die zum erfolgreichen Führen eines Handwerksunternehmens notwendig sind. In den neu geordneten Meisterprüfungsverordnungen existieren in der Regel drei Handlungsfelder. Innerhalb der Handlungsfelder ist eine Vielzahl von ganzheitlichen Qualifikationen zum breiten Spektrum einer handwerklichen, selbständigen Tätigkeit abgebildet. Aus berufspädagogisch-didaktischer Sicht können mit der Gestaltung von so genannten Fallaufgaben Berufs- und Praxisbedeutung auch aus Sicht der Prüflinge (!) besonders deutlich repräsentiert werden und damit ein wesentliches Potenzial für eine Qualitätsverbesserung von Aufgaben bieten.

Insgesamt bieten die hier kurz dargestellten strukturellen Innovationen von neu geordneten Meisterprüfungsverordnungen vielfältige Möglichkeiten, die komplexen beruflichen Anforderungen, die an einen Handwerksunternehmer heutzutage gestellt werden, angemessen in ein Prüfungsdesign zu überführen.

Fazit

Wie dargestellt werden konnte, ist das Handwerk aufgrund vielfältiger Maßnahmen und Aktivitäten im Bereich der Aus- und Weiterbildung sowohl in operativer als auch in struktureller Hinsicht ein hoch-innovativer Wirtschaftszweig, der sich den veränderten gesellschaftlichen und wirtschaftlichen Rahmenbedingungen offensiv stellt. Auch zukünftig wird das Handwerk durch seine vielfältigen Aktivitäten dazu beitragen können, eine Vielzahl bildungs- und wirtschaftspolitischer sowie gesamtgesellschaftlicher Aufgaben verantwortungsvoll zu übernehmen. Es bleibt zu hoffen, dass die maßgeblichen Entscheidungsträger in Wirtschaft, Politik und Gesellschaft dies auch zukünftig angemessen unterstützen.

Literatur

Michael Brücken/Michael Hoffschroer/Uwe Schaumann,
  Analyse des Ausbildungsberatungs- und Lehrlingswartesystems – Konzeption und Ergebnisse einer Umfrage bei Ausbildungsberatern und Lehrlingswarten im Jahre 2004, Köln 2005.
Bundesministerium für Bildung und Forschung, Grund- und Strukturdaten,
  Bonn/Berlin 2005.
Bettina Ehrenthal/Verena Eberhard/Joachim Gerd Ulrich, Ausbildungsreife –
  auch unter Fachleuten ein heißes Eisen. Bundesinstitut für Berufsbildung. Online-Dokumentation (http://www.bibb.de/de/21840.htm;
  Zugriff am 12. Jan. 2006)
Friedrich-Hubert Esser, Ausbildungsbereitschaft fördern, in: handwerk magazin,
  November 2005, S. I.
Friedrich-Hubert Esser/Gudrun Steeger, Meisterassistent/-in im Handwerk.
  Projektabschlussbericht, Köln 2002
Friedrich-Hubert Esser/Martin Twardy, Aktuelles Stichwort: Ausbildungsbereitschaft,
  in: Kölner Zeitschrift für Wirtschaft und Pädagogik. Heft 21, Köln 1996, S. 67- 83.
Peter Euler, Zum Verhältnis von allgemeiner und beruflicher Bildung,
  in: Uwe Fasshauer/Stefan Ziehm (Hrsg.), Berufliche Bildung in der Wissensgesellschaft, Darmstadt 2003.
Peter-Werner Kloas, Strukturierte Weiterbildung im Handwerk.
  4. BIBB-Fachkongress 2002. Abrufbar unter
  URL:http://www.zdh.de/fileadmin/user_upload/themen/
  Strukturierte_Weiterbildung_im_Handwerk__Artikel_.pdf (2006-01-24).

Peter-Werner Kloas/Marina Kronemann/Verena Waldhausen/Dirk Werner,
  Doppelqualifizierende Bildungsgänge im Handwerk. Teil I Lehre plus berufliche
  Weiterbildung. Berlin 2002. Abrufbar unter URL: http://www.zdh.de/fileadmin/
  user_upload/themen/Bildung/Dokumentation_Doppeltqualifizierende_
  Bildungsg_nge_im_Handwerk_Teil_I.pdf (2006-02-16).

D. Rautmann, Lehrstellenmarkt noch angespannt, in: handwerk magazin,
  Oktober 2005.

Uwe Schaumann, Prototypenkonzeption und -entwicklung,
  in: Friedrich-Hubert Esser (Hrsg.), Reform des Meisterprüfungssystems als
  Aufgabe der Organisationsentwicklung – Grundlagen, Konzeptionen,
  Praxisbeispiele. Berufsbildung im Handwerk – Reihe B, hrsg. v. Univ.-Prof. Dr.
  Martin Twardy. Heft 58, Köln 2003, S. 43-88.

Zentralverband des Deutschen Handwerks (Hrsg.), Die Einstiegsqualifizierung.
  Ein erfolgreicher Start in die Berufsausbildung. Berlin (Stand: Januar 2006).
  Abrufbar unter URL:http://www.zdh.de.

Zentralverband des Deutschen Handwerks (Hrsg.), Einstiegsqualifizierung mit
  Handwerkskammerzertifikat – Türöffner zur Berufsausbildung.
  Berlin (Stand: Juni 2005). Abrufbar unter URL:http://www.zdh.de.

Zentralverband des Deutschen Handwerks (Hrsg.), Entwicklung der Betriebsbestände
  im ersten Halbjahr 2005. Berlin (Stand: 1. Halbjahr 2005).
  Abrufbar unter URL://www.zdh.de.

Zentralverband des Deutschen Handwerks (Hrsg.), Novellierung der Handwerksordnung. Konsequenzen in den zulassungsfreien B1-Handwerken.
  Berlin (Stand: 1. Halbjahr 2005). Abrufbar unter URL://www.zdh.de.
  www.zdh.de/fileadmin/user_upload/daten-fakten/statistik/ueberblick/
  handwerksstatistiken/betriebe_dltd_zugaenge_2004.pdf (2006-01-09)

Der direkte Kontakt zum Kunden ist ein Markenzeichen des Handwerks. Gleichzeitig breiten sich Computerpräsentationen, wie etwa im Internet, immer mehr aus.
Info-Stand der Handwerkskammer Koblenz in einer Schule, Bad Kreuznach 2004

Friedrich-Hubert Esser | Beate Kramer

Handwerk und Cyberspace: Internet, E-Learning, neue Medien

Internet und neue Medien verändern die Arbeit im Handwerk

Internet, Multimedia und neue Kommunikationstechniken sind mittlerweile zu Alltagstechnologien geworden. Seit 2005 nutzen bereits über 55 Prozent der Deutschen das Internet im privaten Bereich mit immer noch steigender Tendenz (www.nonliner-atlas.de). Der Einsatz von Informations- und Kommunikations-Techniken (I+K-Techniken) ist in den Großunternehmen als Voraussetzung für die Realisierung globaler Wirtschaftsbeziehungen nicht mehr wegzudenken. Auch kleine und mittlere Unternehmen des Handwerks setzen diese Techniken bereits vielfältig im betrieblichen Alltag ein, sei es zur Information, sei es zur Verbesserung der betrieblichen Abläufe oder zur Intensivierung der Kundenbeziehungen.

Handwerksunternehmen im Bau- und Ausbaubereich beteiligen sich beispielsweise online an Ausschreibungsverfahren, nutzen geeignete Branchensoftware für die Projektierung und Abwicklung ihrer Kundenaufträge und informieren ihre Stammkunden durch Direktmailingaktionen über neue Angebote. In Elektrohandwerken werden aktuellste Bus-Technologien in Gebäuden zur intelligenten Vernetzung von Systemen und Geräten sowie zur Gebäudesteuerung und -optimierung eingesetzt. Eine computergestützte Frisurberatung wird immer häufiger in modernen Friseurbetrieben angeboten. Für Kfz-Betriebe ist eine Onlineverbindung zu ihren Autoherstellern schon seit langem gängige Praxis, um schnell für Reparaturen erforderliche Informationen oder Ersatzteile zu erhalten. Außerdem ist die Diagnose von neuen elektronischen Systemen in Autos ohne Computereinsatz nicht möglich. Das gilt in gleicher Weise im Sanitär-, Heizungs- und Klimahandwerk für die Steuerung und Regelung komplexer Heizungs- und Lüftungsanlagen.

Die Verbreitung des Internets ist auch daran zu erkennen, dass man auf der Straße zunehmend mehr Firmenfahrzeuge von Handwerksbetrieben sieht, die mit ihrer Internetadresse werben. Das zeigt, dass doch schon sehr viele Handwerksunternehmen ihre Kunden online über das Leistungsspektrum der Firma und über aktuelle Angebote informieren. Diese Hinweise mögen deutlich machen, wie vielfältig der Einsatz von EDV, Internet und neuen Medien für die Verbesserung der Arbeit und der Leistung in Handwerksbetrieben bereits ist, auch wenn genaue Zahlen über Nutzungsformen und -umfang noch fehlen.

Die Rolle von Internet, neuen Medien und E-Learning für Lernen im Handwerk

Unterschiede in der technischen Ausstattung zwischen Handwerk und Industrie sind grundsätzlich kaum mehr auszumachen.

Für die meisten Führungs- und Fachkräfte im Handwerk gilt heute, dass sich nicht zuletzt aufgrund der I+K-Techniken die Arbeitsanforderungen schneller und gravierender ändern als bisher. Sei es durch neue Verfahren oder geänderte Arbeitsorganisation, wie sie oben schon kurz angerissen wurden, aber auch durch den Zwang, sich weiterzuentwickeln, um mit besserer Qualifikation konkurrenzfähig zu bleiben und den Arbeitsplatz zu sichern. Vielfach nimmt die Komplexität von Aufgaben zu. Das erfordert ein permanentes Neulernen oder Umlernen, oft auch ein Anderslernen. Ansonsten besteht die Gefahr der Dequalifizierung von Mitarbeitern mit entsprechend negativen Wirkungen auf die Innovations- und Leistungsfähigkeit der Handwerksunternehmen.

Lernen in umfangreichen Präsenzlehrgängen oder in Seminaren ist immer seltener in der Lage, dies allein zu leisten. Ein zentrales Problem in Handwerksbetrieben ist dabei auch die Freistellung von Mitarbeitern und Mitarbeiterinnen vor allem für längerfristige externe Qualifizierungsmaßnahmen. Schon der Ausfall einzelner Fachkräfte kann besonders in Kleinbetrieben die Funktionsfähigkeit des Betriebes erschweren. Durch bedarfsgerechte E-Learning-Angebote wird vielfach die Chance gesehen, mehr Mitarbeiter in Handwerksbetrieben für eine kontinuierliche Weiterbildung zu gewinnen.

Unter E-Learning wird grundlegend die Unterstützung von Lernprozessen mit elektronischen Medien (Multimedia, Internet) verstanden. Damit ist E-Learning keine neue Lernmethode, sondern es wird Lernen lediglich anders organisiert und unterstützt. Dabei sind viele Möglichkeiten denkbar: von der Bereitstellung von Lernprogrammen und der Nutzung weiterführender Informationen im Internet bis zum Unterricht in virtuellen Klassenräumen. Unter Blended-Learning wird eine Lehr-/Lernorganisation verstanden, bei der verschiedene Formen von E-Learning, meist Selbstlernen mit Medien und Onlinebetreuung durch Telecoaches mit Präsenzphasen, sinnvoll verzahnt werden.

Nach der Bewertung durch viele Fachleute und Lehrgangsteilnehmer ist es mit bedarfsgerechten Blended-Learning-Angeboten am ehesten möglich, Lernerfolg und Zufriedenheit bei den Lernenden zu erreichen. Gegenüber herkömmlichen Formen der Lernorganisation bieten sie einen deutlichen Mehrwert: Die Selbstlernphase ermöglicht eine höhere zeitliche und örtliche Flexibilität und führt oft zu einer besseren Lernqualität. Die Lernenden können weitgehend selbst bestimmen, wann, wo und wie sie lernen. Die Präsenzphase ist wichtig für den Aufbau der sozialen Kontakte mit anderen Lernenden und dem Telecoach. Sie ist die Voraussetzung für die Bildung von Lerngruppen, die bereit sind, online zusammen zu arbeiten. In der telekommunikativen Phase erfolgt eine individuelle Betreuung und Unterstützung der Lernenden durch den Telecoach. Vor allem bei längeren Online-Lehrgängen trägt sie wesentlich dazu bei, dass die Lernenden am Ball bleiben.

Es ist erkennbar, dass Lernverhalten sich ändert. Während der Lernende im Klassenraum zwar präsent, aber nicht immer aktiv bei der Sache ist, setzt sich der Lernende im Netz ganz anders und meist intensiver mit den Lerninhalten auseinander – vorausgesetzt die Lernunterlagen und Lernprogramme regen ihn dazu an. Interessante, praxisbezogene Aufgaben werden gerne bearbeitet, wenn sich die Lernenden im Netz untereinander austauschen können und wenn die Arbeitsergebnisse dann in einer Online-Konferenz mit dem Teletutor besprochen werden. Beim E-Learning bleiben die Lernenden also nicht allein!

Generell steht und fällt der Erfolg dieser Maßnahmen mit der Bereitschaft der Lernenden, sich auf die neuen Medien einzulassen und Selbstverantwortung für ihr Lernen zu übernehmen. Die zunehmende Nutzung von Internet und Multimedia in allen Lebensbereichen hat dazu geführt, dass die früher oft noch vorhandene Scheu vor neuen Medien und der IT-Technik bereits deutlich zurück gegangen ist und weiter zurück gehen wird. Entsprechend wird generell davon ausgegangen, dass die Bereitschaft besonders der jüngeren Mitarbeiter, Medien und das Internet auch zum Lernen zu nutzen, steigen wird.

Teilnehmer von Online-Lehrgängen setzen sich dabei einer Reihe neuer Lernanforderungen aus, vor allem wird von ihnen ein hohes Maß an Selbstorganisation verlangt. Daraus resultiert, dass sie nicht nur Erkenntnisse und Erfahrungen zum eigentlichen Lehrgangsthema erlangen, sondern darüber hinaus Medienkompetenz erwerben und ihr Repertoire an Lernstrategien erweitern. Dies führt zu einer neuen Lernkultur. Sie trägt dazu bei, dass die Lernenden zunehmend bereit und fähig sind, Medien und das Internet gezielt zur eigenen Weiterentwicklung zu nutzen. Sie sind dann eher in der Lage, auch über formalisierte Bildungsprozesse hinaus eigenständig und situationsbezogen weiter zu lernen. Damit ist auch das immer wieder geforderte „Learning on Demand" oder „just in time"-Lernen am Arbeitsplatz leichter zu realisieren. Die dazu erforderlichen technischen Voraussetzungen, das heißt die Ausstattung mit multimediafähigen PCs und Internetzugängen, sind sowohl im privaten als auch im betrieblichen Bereich meist schon vorhanden.

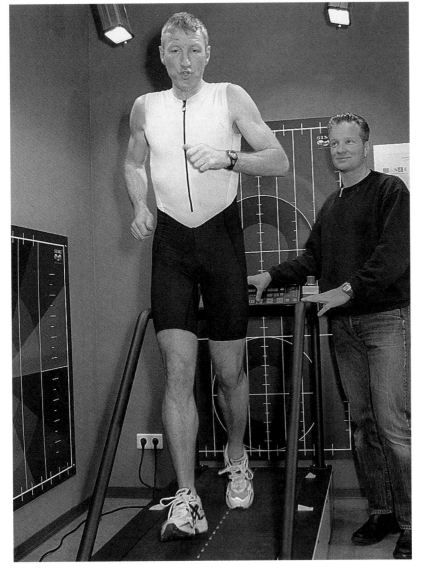

Ob Laufschuhe oder Reitsättel – viele traditionelle Handwerksberufe zählen die Computertechnik zu ihren selbstverständlichen Werkzeugen. Computerunterstütztes Messen und Analysieren des Laufverhaltens, Jäger Orthopädie GmbH, Lahnstein 2004

Gerade in größeren Unternehmen hat neben Kosten- und Zeitaspekten nicht zuletzt auch die positive Wirkung des netzgestützten Lernens auf die Ausbildung einer neuen Lernkultur zu einem stärkeren E-Learning Einsatz beigetragen. Im Vergleich zu Großunternehmen nutzen jedoch bisher erst wenige Klein- und Mittelbetriebe (KMU) E-Learning für die Qualifizierung ihres Personals. Gründe dafür liegen auf der Hand. Während es für Großunternehmen auch aus ökonomischer Sicht sinnvoll ist, E-Learning-Angebote für ihre meist großen Zielgruppen bedarfsgerecht zu gestalten, sind KMU normalerweise nicht in der Lage, eigenständig E-Learning-Konzepte zu entwickeln, die auf die Lösung ihrer betrieblichen Qualifizierungsprobleme zugeschnitten sind. Sie sind daher auf unternehmensübergreifende Kooperationen zum Beispiel mit Herstellern oder auf Angebote aus der Handwerksorganisation angewiesen.

KMU sind häufig nicht an Standardangeboten interessiert. Ihre Akzeptanz steht und fällt mit einer flexiblen Ausrichtung des Bildungsangebotes auf ihren spezifischen Qualifizierungsbedarf. Wie könnte das aussehen? Ein Installateur- und Heizungsbauermeister möchte beispielsweise neue Heizungsanlagen eines Herstellers in sein Dienstleistungsangebot aufnehmen. Um sie fachgerecht bei seinen Kunden einbauen zu können, muss er sich das dazu notwendige Know how aneignen. Ein Online-Angebot des Herstellers oder auch einer Bildungseinrichtung mit Medien zu Aufbau, Funktion und Steuerung dieser Heizungsanlagen und zu den Anforderungen für den Einbau, eventuell unterstützt durch eine Online-Beratung, könnte sein Problem sicherlich schneller lösen als dies durch Lehrgänge möglich ist.

Der Qualifizierungsbedarf der Mitarbeiter in Handwerksbetrieben, die beruflich aufsteigen möchten, richtet sich dagegen eher auf Standardangebote der Bildungsstätten, die zu Fortbildungsabschlüssen, etwa zur Meisterprüfung

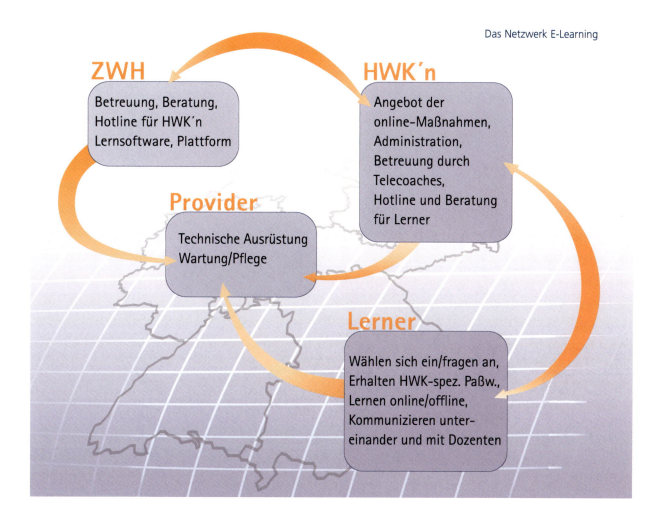

Das Netzwerk E-Learning

führen. Diese meist sehr umfangreichen Qualifizierungsmaßnahmen lassen sich durch Blended-Learning-Angebote deutlich besser auf die begrenzten zeitlichen Möglichkeiten der Zielgruppen zuschneiden. Damit sind auch Teilzeitangebote für diese Zielgruppen und damit die Verbindung von Lernen und Arbeit leichter realisierbar. Es stellt sich hier die Frage, welche Angebote dazu von den Bildungsstätten vorliegen.

Die Entwicklung von E-Learning im Handwerk

Bereits relativ früh haben sich Handwerksorganisationen mit der Einführung von E-Learning beschäftigt. Eine Reihe von Bildungseinrichtungen realisiert seit 1999 im E-Learning-Netz des Handwerks Blended-Learning-Maßnahmen. Ein Überblick über die hier einbezogenen Online-Akademien des Handwerks und der Zugang zu deren Blended-Learning-Angeboten ist auf dem Portal www.q-online.de zu finden. Unterstützt werden sie durch die Zentralstelle für die Weiterbildung im Handwerk (ZWH). Sie übernimmt in diesem Netzwerk im Wesentlichen die Beratung der Bildungszentren bei der Einführung von E-Learning, die Bereitstellung der Lern- und Kommunikationsplattform mit Serverhosting und Support, das Angebot von Blended-Learning-Konzepten mit modularisierten Lernprogrammen und, soweit erforderlich, mit ZFU-Zertifizierung. Zu ihren Aufgaben gehören auch Aufbau und Pflege des Portals www.q-online.de, auf dem aktuelle Informationen und Demos zu einer Reihe von Lernprogrammen verfügbar sind.

Mittlerweile ist die Technik für E-Learning ausgereift und ein hohes Maß an Erfahrungen bei den Online-Akademien des Handwerks vorhanden. Es liegen erprobte Blended-Learning-Konzepte und Lernprogramme für die wesentlichen berufsübergreifenden Aufstiegslehrgänge vor: für die Ausbildung der Ausbilder, für die Meistervorbereitung im betriebswirtschaftlichen, kaufmännischen und rechtlichen Teil, für den Betriebswirt (HWK) sowie für die IT-Qualifizierung zum Betriebsinformatiker (HWK). Die Lernprogramme wurden in einheitlicher Form nach den Entwicklervorgaben erstellt, die von der ZWH auf der Basis anerkannter Standards erarbeitet wurden. Sie sind modular so strukturiert, dass sie in unterschiedlicher Kombination auch in vielen weiteren Maßnahmen einsetzbar sind.

Folgende Faktoren haben dazu beigetragen, dass das Netzwerk E-Learning im Handwerk bisher als Erfolgsmodell bezeichnet werden kann:
- die klare Ausrichtung auf eine Blended-Learning-Konzeption, die sich auf eine Verzahnung von Präsenzphasen, Selbstlernphasen mit Medien und praxisbezogenen Aufgaben sowie Phasen der Telekooperation mit anderen Lernern und das Telechoaching stützt
- die dafür erforderliche Weiterbildung einer großen Anzahl an Dozenten und Dozentinnen zu Telecoaches und Teletutoren
- die Entscheidung aller Partner für eine gemeinsame Lern- und Kommunikationsplattform und das konsequente Setzen auf Standards bei der Technik (AICC und SCORM)
- eine anerkannt hohe Qualität der Lernprogramme
- der kontinuierliche Erfahrungsaustausch aller beteiligten Bildungsstätten in Strategiekonferenzen.

Aus den bisherigen Untersuchungen der E-Learning-Maßnahmen im Handwerk wird insgesamt eine sehr positive Beurteilung durch die Lehrgangsteilnehmer deutlich. Sie schätzen besonders die freie Zeiteinteilung beim Lernen. Viele beurteilen ihren Lernerfolg beim E-Learning höher als beim traditionellen Präsenzlernen. Dazu haben sie die intensive Betreuung durch die Telecoaches sehr positiv bewertet und sie waren mit der leicht nutzbaren technischen Lernumgebung insgesamt zufrieden.

Dennoch ist bisher die Anzahl der Teilnehmer in E-Learning-Maßnahmen im Vergleich zu traditionellen Präsenzmaßnahmen immer noch vergleichsweise gering. Es wurden erst gut 15.000 Lernende in längeren E-Learning-Maßnahmen bei den Online-Akademien des Handwerks qualifiziert. Die Gründe für diese Zurückhaltung sind wohl vielfältig: Auf der Seite der Bildungseinrichtungen sind dies zum Teil noch fehlende Lernangebote im technischen Bereich oder eine noch nicht ausreichend erfolgte Ausrichtung auf den spezifischen betrieblichen Bedarf vor Ort. Manchmal existieren auch Vorbehalte von Teilen des Bildungspersonals gegenüber E-Learning. Auf der Seite der Lehrgangsteilnehmer sind dies nach bisheriger Erkenntnis noch fehlende Informationen über die Anforderungen und vor allem die Chancen des E-Learning, nicht vorhandene Technik (PC und Internetzugang) und bisher wohl auch eine Lernkultur, die stärker auf Konsumieren als auf selbstgesteuertes Lernen gerichtet ist. Es erstaunt daher nicht, dass sich immer noch viele Teilnehmer bei parallelem Angebot von Präsenz- und E-Learning-Maßnahmen für den vertrauteren Präsenzlehrgang entscheiden.

Bereits erkennbar ist jedoch, dass die Akzeptanz für die verschiedensten Formen von E-Learning kontinuierlich zunimmt. Um dies zu unterstützen, werden die Lern- und Kommunikationsmöglichkeiten im Internet sowie die neuen Medien noch sehr viel flexibler in den Online-Akademien des Handwerks eingesetzt und interessante Angebote auch für neue Zielgruppen bereitgestellt. So soll es künftig allen Auszubildenden im Handwerk möglich werden, kostenlos grundlegende EDV-Kenntnisse online zu erlernen und sich mit anderen Auszubildenden auf der Kommunikationsplattform auszutauschen.

In den Online-Akademien des Handwerks erhalten in zunehmendem Maße auch die Lehrgangsteilnehmer/innen aus Präsenzlehrgängen einen Zugang zur Lern- und Kommunikationsplattform, auf der ihnen dann aktuelle Lehrgangsinformationen, Aufgaben, Musterlösungen und interessante Lernprogramme zur Verfügung gestellt werden. Nach den bisherigen Erfahrungen wird dieses Angebot gut angenommen und es trägt dazu bei, Lernende für die Nutzung der neuen Medien zu interessieren.

Der Sportrad-Entwickler Canyon vertreibt etwa 75 Prozent seiner Produktion über das Internet.

Für die praxisnahe Qualifizierung in den Betrieben sollen verstärkt auch individuelle Servicepakete – mit Medien, Infos und Beratung – bereitgestellt werden. Sie können bedarfsgerecht aus modularen Lernbausteinen gestaltet werden, mit spezifischen Informationen und Links, zum Beispiel auf BIS, das Beratungs- und Informationssystem im Handwerk (www.zdh.de), oder auf fachliche Seiten von Verbänden oder Herstellern, und um eine Online-Beratung ergänzt werden. Damit lassen sich sowohl aktuelle Probleme in den Betrieben als auch die längerfristige Weiterbildung der Mitarbeiter voraussichtlich schneller und leichter lösen.

Wie könnte das künftig aussehen? Will sich beispielsweise ein Handwerksmeister für ein Gespräch mit seiner Bank über neue Ratingverfahren informieren, kann er dazu von der Online-Akademie seiner Kammer für den Zugang zu einem entsprechenden Lernprogramm freigeschaltet werden. Für weitergehende Fragen kann er dann eine individuelle Online-Beratung buchen. Diese Angebote können bereits bei Bedarf realisiert werden.

Internet und neue Medien bieten also gänzlich neue Möglichkeiten des Lernens, die den künftigen Anforderungen der beruflichen Praxis und vor allem den schnellen Veränderungen in den Betrieben voraussichtlich besser gerecht werden.

Literatur

Zentralstelle für die Weiterbildung im Handwerk (Hrsg.),
    Netzwerk E-Learning im Handwerk,
    Düsseldorf 2003.

Jörg Diester | Petra Habrock-Henrich | Christopher Oestereich

Hightech und innovative Gestaltung
Betriebe im Bezirk der Handwerkskammer Koblenz

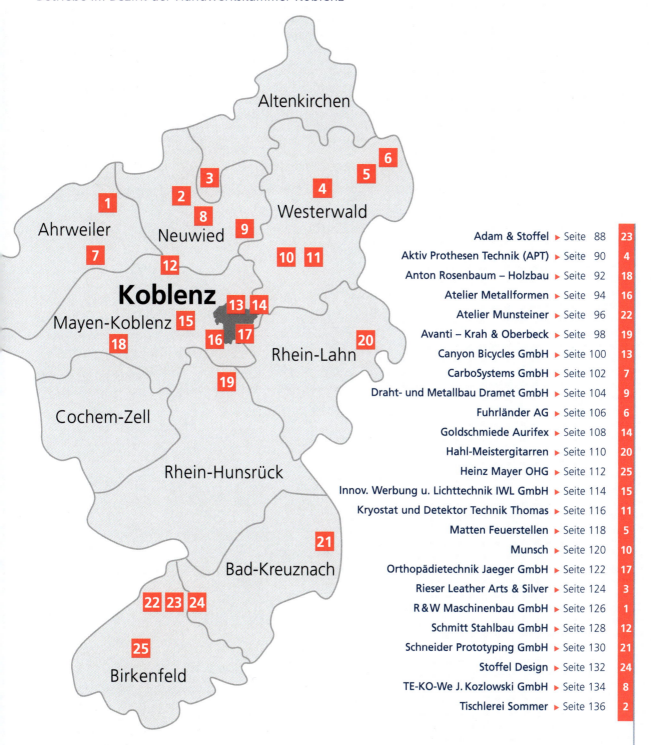

Betrieb		Nr.
Adam & Stoffel ▸ Seite 88		23
Aktiv Prothesen Technik (APT) ▸ Seite 90		4
Anton Rosenbaum – Holzbau ▸ Seite 92		18
Atelier Metallformen ▸ Seite 94		16
Atelier Munsteiner ▸ Seite 96		22
Avanti – Krah & Oberbeck ▸ Seite 98		19
Canyon Bicycles GmbH ▸ Seite 100		13
CarboSystems GmbH ▸ Seite 102		7
Draht- und Metallbau Dramet GmbH ▸ Seite 104		9
Fuhrländer AG ▸ Seite 106		6
Goldschmiede Aurifex ▸ Seite 108		14
Hahl-Meistergitarren ▸ Seite 110		20
Heinz Mayer OHG ▸ Seite 112		25
Innov. Werbung u. Lichttechnik IWL GmbH ▸ Seite 114		15
Kryostat und Detektor Technik Thomas ▸ Seite 116		11
Matten Feuerstellen ▸ Seite 118		5
Munsch ▸ Seite 120		10
Orthopädietechnik Jaeger GmbH ▸ Seite 122		17
Rieser Leather Arts & Silver ▸ Seite 124		3
R & W Maschinenbau GmbH ▸ Seite 126		1
Schmitt Stahlbau GmbH ▸ Seite 128		12
Schneider Prototyping GmbH ▸ Seite 130		21
Stoffel Design ▸ Seite 132		24
TE-KO-We J. Kozlowski GmbH ▸ Seite 134		8
Tischlerei Sommer ▸ Seite 136		2

adam & stoffel

- gegründet 1997
- 1998 Mitbegründer der Firma DELICATESSE
- zahlreiche nationale und internationale Preise und Auszeichnungen

Den diplomierten Schmuckdesignern Claudia Adam und Jörg Stoffel geht es um die Erarbeitung neuer Gestaltungsansätze und Sichtweisen sowie deren Umsetzung in Stein und Metall. Idee, Inhalt und Emotion greifen unter die sichtbare Oberfläche und verschmelzen zu Formen, die beispielsweise durch das Zusammenspiel von Schwere und Leichtigkeit in stillen Dialog mit seinem/r Träger/in treten.

In der neuen Gestaltungsreihe „aeria" dienen ausgearbeitete Bergkristallspitzen als Sensoren für einströmende Sinneswahrnehmungen. Zum Thema „balance" entstanden die Prototypen „eo ipso" im Kontext zu Zeit und Bewegung; Rutilquarze und Bergkristalle als Bewegungsobjekte, die aus eigener Kraft heraus ihre Drehrichtung zu ändern vermögen.

www.delicatesse.de

Claudia Adam und Jörg Stoffel
Hauptstraße 49
55778 Stipshausen
Telefon 06544-991555
adam-stoffel@t-online.de

Die Leichtigkeit des Steins –
Spagat zwischen Kunst und Design
adam & stoffel

Aktiv Prothesen Technik (APT)

- gegründet 2002
- vier Mitarbeiter, darunter die Orthopädiemechanikermeister Thomas Kipping und Gunnar Beck
- Prothetik für Arm- und Beinamputierte, Hightech-Versorgungen mit Sportprothesen für die Spitzenathleten der Behindertensportabteilung des TSV Bayer 04 Leverkusen
- Marketingpreis des Deutschen Handwerks 2005
- Anerkennung und Lob für die Internetpräsenz des Unternehmens beim Wettbewerb des Zentralverbandes des Deutschen Handwerks

Das Unternehmen konzentriert sich ausschließlich auf die Betreuung und Versorgung amputierter Menschen. Die aus der Hightech-Versorgung von Spitzensportlern im Behindertensport gewonnenen Erfahrungen werden gezielt für Alltagsprothesen eingesetzt. Das Westerwälder Unternehmen APT kooperiert mit namhaften Herstellern von Hightech-Prothesen und ist mit seiner mobilen Werkstatt bei allen wichtigen Behindertensportveranstaltungen, darunter auch den Paralympics, vertreten.

www.apt-kipping.de

Thomas Kipping
Auf dem Waasem 1
56459 Stockum-Püschen
Telefon 02661–953796
info@apt-kipping.de

Innovative, individuelle Prothetik
Aktiv Prothesen Technik (APT)

Anton Rosenbaum – Holzbau

- gegründet 1898
- mittlerweile führt die vierte Generation der Familie Rosenbaum den Betrieb. Lothar Rosenbaum ist Bauingenieur, Zimmerermeister und geprüfter Restaurator, sein Bruder Christoph gelernter Holzbearbeitungsmechaniker und Diplom-Kaufmann
- 24 Mitarbeiter, davon drei in der Ausbildung zum Zimmerergesellen
- ISB Success – Preis der Landesregierungen

Die Firma Rosenbaum begleitet mit ihren drei Betrieben in den Bereichen Forstwirtschaft, Sägewerk und Holzbau das Holz aus dem Wald bis ins Wohnzimmer. Dabei bedient sie sich modernster Technik. Neben einer sprachgesteuerten Sägemaschine, einer Vakuumtrockenkammer und einem Zuschnittautomaten für Dachstühle steht ein umfangreicher Fuhrpark mit eigenem Autokran für Anlieferung und Montage zur Verfügung.

Ergänzend zu den traditionellen Zimmerarbeiten liegt der Schwerpunkt beim Restaurieren denkmalgeschützter und wertvoller Bausubstanz sowie bei Konstruktionen des Ingenieurholzbaues.

www.holzbau-rosenbaum.de

Inhaber Lothar Rosenbaum
Kelberger Straße 63
56727 Mayen
Telefon 02651-2336 und 2337
Fax 02651-1078
mail@holzbau-rosenbaum.de

Traditionelles Handwerk mit zukunftsweisenden Methoden
Anton Rosenbaum – Holzbau

Atelier Metallformen

- gegründet 1999
- drei Mitarbeiter, darunter ein Auszubildender
- Skulpturen, Messer, Waffen und Gebrauchsgegenstände aus geschmiedetem Stahl und anderen Metallen
- Schmuckstücke in außergewöhnlichen Materialkombinationen nach individuellen Kundenwünschen. Veranstaltung von Schmiedekursen
- zahlreiche Preise und Auszeichnungen auf Landes-, nationaler und internationaler Ebene
- ausgezeichnete Internetpräsenz

Der Diplom-Metalldesigner Jens Nettlich ließ sich nach dem Studium zwei Jahre lang als Gold- und Silberschmied ausbilden. Bei seiner Arbeit bedient er sich historischer Techniken wie der des Damaszierens, kombiniert mit moderner, anspruchsvoller Gestaltung. Neben der selbständigen Tätigkeit arbeitet er als Designer für verschiedene deutsche und US-amerikanische Firmen.

Die Goldschmiedemeisterin Dana Nettlich fertigt ihre Schmuckstücke hauptsächlich als Unikate. Sie bedient sich dabei auch des traditionellen Wachs-Ausschmelzverfahrens in der verlorenen Form.

www.metallformen.de

Dana und Jens Nettlich
Osterstraße 6
56333 Winningen
Telefon 02606-963983
info@metallformen.de

Älteste Handwerkstechnik – modernstes Design
Atelier Metallformen

Atelier Munsteiner

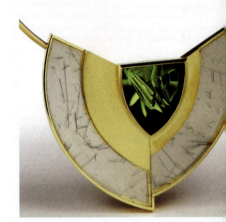

- gegründet 1966 von Bernd Munsteiner, 1997 von Tom Munsteiner übernommen
- individuelle, hochwertige Edelstein- und Schmuckgestaltung
- die Arbeiten von Bernd, Tom und Jutta Munsteiner erhielten zahlreiche internationale Preise und Auszeichnungen

Der Edelsteinschleifermeister, Gemmologe und staatlich geprüfte Edelstein- und Schmuckgestalter Tom Munsteiner hat sein Handwerk bei seinem Vater, dem Schmuck- und Edelsteingestalter Bernd Munsteiner, gelernt. Vater und Sohn verbindet die Begeisterung für die über 230 Millionen Jahre alte Materie Edelstein.

Die Goldschmiedemeisterin Jutta Munsteiner ist ebenfalls staatlich geprüfte Edelstein- und Schmuckgestalterin. Sie will mit ihrem Schmuck das innere Wesen der Trägerin unterstreichen.

www.munsteiner-cut.de

Tom und Bernd Munsteiner
Wiesenstraße 10
55758 Stipshausen
Telefon 06544-600
munsteiner@t-online.de

Preisgekrönte Edelsteingestaltung
Atelier Munsteiner

Avanti – Krah & Oberbeck, Raum- & Objektausstattungs GmbH

- gegründet 1989
- acht Mitarbeiter, darunter zwei Auszubildende des Raumausstatterhandwerks; Kooperation mit anderen Handwerksbetrieben
- Planung und Ausstattung von privaten und geschäftlichen Objekten; Entwurf und Bau von Messeständen; Gestaltung und Anfertigung von Polstermöbeln nach individuellen Kundenwünschen; Illustrationen und Produktentwürfe
- mehrere Auszeichnungen, auch auf nationaler und internationaler Ebene

Die Diplom-Designerin und Innenarchitektin Marion Oberbeck und der Raumausstattermeister, Innenarchitekt und Produktdesigner Gerd Krah planen, gestalten und realisieren mit ihrem Planungsbüro ein breites Spektrum von Objekten. Ihr Angebot reicht von der kompletten Planung und Ausstattung eines Gebäudes über die Fertigung von Möbeln nach eigenen Entwürfen bis zur Gestaltung von Firmenpräsentationen.

www.avanti-design.de

Gerd Krah und Marion Oberbeck
Mittelstraße 5
56154 Boppard-Oppenhausen
Telefon 06745–9330
info@avanti-design.de

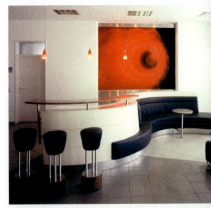

Kreativität, die Wertvolles schaffen und vermitteln will
Avanti – Krah & Oberbeck, Raum- & Objektausstattungs GmbH

Canyon Bicycles GmbH

- gegründet in den 1980er Jahren
- etwa 50 Mitarbeiter, darunter 8 Lehrlinge
- Entwicklung, Montage und Vertrieb von Fahrrädern
- hochwertige und sehr leichte Fahrradrahmen
- hauptsächlich Direktvertrieb über das Internet
- Radsportler aus Deutschland, Österreich und der Schweiz

Seit mehr als 20 Jahren arbeiten die Fachleute um Zweiradmechanikermeister Roman Arnold an der Optimierung ihrer hochwertigen Fahrradrahmen. Der leichteste, ein Carbonrahmen für Sporträder, wiegt unter 1000 Gramm – leichtere Rahmen sind in ihrer Klasse weltweit nicht zu finden!

Die Rahmen werden in Taiwan gefertigt, in Koblenz montiert und von hier aus direkt an die Kunden vertrieben – mittlerweile zu etwa 75 Prozent über das Internet.

www.canyon.de

Geschäftsführer Roman Arnold
Koblenzer Straße 236
56073 Koblenz
Telefon 0261-4040010
info@canyon.de

Superleicht in alle Welt
Canyon Bicycles GmbH

CarboSystems GmbH

- gegründet 1991, ehemalig Nitec GmbH & Co.KG
- 70 Mitarbeiter, darunter drei Lehrlinge
- Entwicklung und Bau von Kunststoffkomponenten aus Carbon
- Spezialanfertigungen für außergewöhnliche Ansprüche
- Rennsport- und Rüstungsindustrie, Medizintechnik

Die Kunststofftechnik entwickelt sich dynamisch weiter. Es ist längst bekannt, dass Kunststoffe mehr können als den Rohstoff liefern für reißfeste Tragetaschen oder robuste Haushaltsgeräte.

Das wird deutlich, wenn man sieht, wie Kunststoffe auch im Automobilbereich und in der Luftfahrttechnik verwendet werden.

Die CarboSystems GmbH ist für diese und weitere Anwendungsbereiche des Kunststoffs Carbon, wie Renn- und Sportwagenbau, hochwertige Kohlefaserteile für die Medizintechnik, schusssichere Systeme für die Automobil- und Militärindustrie, der Spezialist.

www.carboSystems.de

Geschäftsführer Oswald Gerl
56651 Niederzissen
Telefon 02636-87925

Kunststoff – aber schnell und sicher!
CarboSystems GmbH

Dramet – Draht- und Metallbau GmbH

- gegründet 1994
- 10 Mitarbeiter
- Draht- und Bandsägeanlagen, teilweise computergesteuert, Sägedrähte und -bänder mit Diamantbeschichtung
- die Sägeanlagen sind flexibel einsetzbar für beinahe jeden Werkstoff bis in kleinste Schnittbreiten
- weltweit Marktführer
- Innovationspreis Rheinland-Pfalz 2003, „Outputorientierte Innovationsförderung" 2005

Der Metallbaubetrieb Dramet entwickelt und produziert teilweise computergesteuerte Drahtsägeanlagen. Die Firma hat ihr Verfahren der Diamantbeschichtung der Sägedrähte und -bänder patentieren lassen.

Die Sägeanlagen bearbeiten nahezu jeden Werkstoff präzise und sauber. Mit den vor kurzem entwickelten Bandsägeanlagen sind sogar Schnitte von weniger als 0,5 mm Breite möglich. Mit ihren robusten und flexibel einsetzbaren Sägeanlagen, die inzwischen in Serie hergestellt werden, ist Dramet Weltmarktführer.

www.dramet.de

Geschäftsführer Dr. Jürgen Hoffmann
Werkstraße 15
56271 Kleinmaischeid
Telefon 02689–6045
info@dramet.de

Sägen – präzise, zuverlässig, flexibel
Dramet – Draht- und Metallbau GmbH

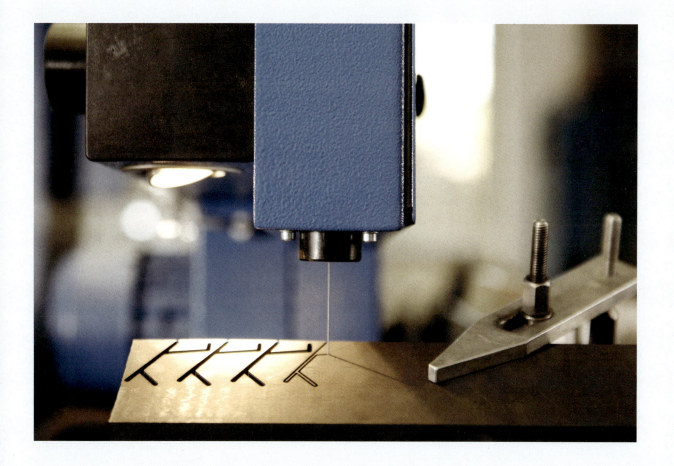

Fuhrländer AG

- hervorgegangen aus der Schmiede Theo Fuhrländer (gegründet Anfang der 1960er Jahre), seit 2000 Aktiengesellschaft
- 200 Mitarbeiter, darunter 50 Lehrlinge
- Windenergie-Anlagen bis 2,5 MW Leistung
- bedarfsgerechte Entwicklung, Fertigung, Aufbau und Wartung in enger Abstimmung mit den Kunden, dabei technisch und betriebswirtschaftlich innovativ
- Preise im Technologie- und Ausbildungsbereich

Innovativ ist die Fuhrländer AG in vielerlei Hinsicht: engagiert in dem zukunftsträchtigen und wachsenden Bereich der Windenergie – weltoffen und den Menschen zugewandt – einer der ersten Handwerksbetriebe, die als Aktiengesellschaft neue Wege gehen – und nicht zuletzt immer auf der Höhe der technischen Entwicklung, die selbst mitbestimmt wird.
Die Fuhrländer AG entwickelt und produziert heute schlüsselfertige Windparks für den Weltmarkt mit modernen Megawatt-Anlagen. Aktuelle Schwerpunkte sind Osteuropa, Nord- und Südamerika, naher und ferner Osten. Dabei setzt Fuhrländer auf freundschaftliche und vertrauensvolle Kontakte zu den Partnern und Menschen vor Ort und zur Kultur seiner Auftraggeber. Das Konzept „Friendly Energy – Friendly World" verdeutlicht die Firmenphilosophie: Regenerative Energie nutzen zur sauberen Energie-Erzeugung und zum Aufbau zukunftssicherer Arbeits- und Ausbildungsplätze. Das macht den Westerwälder Betrieb zum geschätzten und kompetenten Partner weltweit.

www.fuhrlaender.de

Vorstandsvorsitzender Joachim Fuhrlä
Auf der Höhe 4
56477 Waigandshain
Telefon 02664–99660
info@fuhrlaender.de

Umweltfreundliche Energie mit Westerwälder Windtechnik

Fuhrländer AG

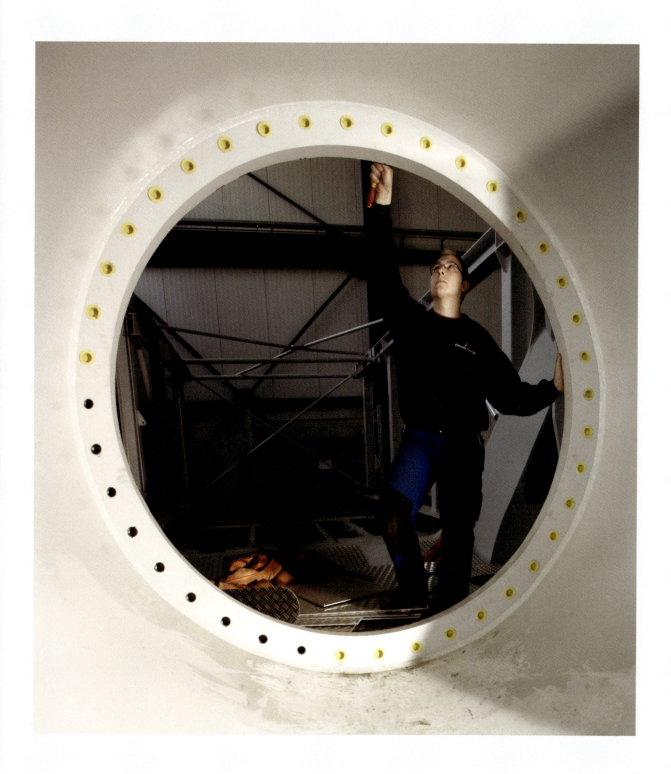

Goldschmiede Aurifex

- gegründet 1991
- drei Mitarbeiter, darunter eine Auszubildende
- handgearbeiteter Schmuck aus Edelmetallen und hochwertigen Edelsteinen. Unikate in traditioneller Goldschmiedearbeit. Großzügigkeit im Umgang mit Material und Formen

Der Goldschmiedemeister Clemens Leyendecker ist für die Gestaltung und Umsetzung der Entwürfe verantwortlich. Bei der Herstellung der Schmuckstücke steht ihm sein Goldschmiedeteam zur Seite. Seine Arbeiten präsentiert er auf internationalen Fachmessen und Designevents, auf Ausstellungen und natürlich im eigenen Atelier.

Die Architektur seines Schmuckes ist sachlich und konstruktiv. Die Stücke aus der Koblenzer Goldschmiede wirken durch das Spiel zwischen Formen und Farben von Metall, Perlen und Farbsteinen.

Ein prachtvoller aber „stiller" Schmuck, der auffallend schmückt, ohne dabei aufdringlich zu sein.

www.aurifex.de

Clemens Leyendecker
Schlossstraße 16
56068 Koblenz
Telefon 0261-34801
info@aurifex.com

Klassische Kunst, modern gestaltet
Goldschmiede Aurifex

Hahl-Meistergitarren

- gegründet 1994
- ein Auszubildender
- individuelle Anfertigung hochwertiger Gitarren aus edlen Hölzern

Stefan Hahl, der den Meisterbrief als Zupfinstrumentenmacher besitzt, hat sich mit dem Bau von Profigitarren europaweit einen Namen gemacht. Als Musiker kennt er die Wünsche und Anforderungen der Kunden, die sich in seiner Werkstatt aus einer Vielzahl von Möglichkeiten ihr Instrument selbst zusammenstellen können. Zur Auswahl stehen mehrere Korpusgrößen, Mensuren, Halsbreiten und Accessoires. Er verwendet ausschließlich erstklassige, über 50 Jahre abgelagerte Tonhölzer, darunter Fichte, Zeder, Palisander und Mahagoni. Hahls Spezialität sind die Archtop-Jazzgitarren. Darüber hinaus bietet er eine breite Palette verschiedenartiger Konzertgitarren, Western-Steelstring- und Selmer/Maccaferri Gitarren an. Bekannte Musiker wie Bireli Lagrene aus Frankreich, Bob Brozman aus Hawaii oder Manfred Dirkes aus Berlin spielen eine „echte Hahl".

www.hahl-guitars.de

Stefan Hahl
Taunusblick 1
65623 Mudershausen
Telefon 06430-6476
hahlguitar@aol.com

„Maßgeschneiderte" Gitarren – eine Synthese von Tradition und Innovation

Hahl-Meistergitarren

Heinz Mayer OHG

- gegründet 1950
- 40 Mitarbeiter, darunter zwei Handwerksmeister
- Entwurf und Herstellung von hochwertigem Schmuck aus Gold oder Platin mit Edelsteinen, ergänzt von einer modisch-extravaganten Linie
- Export in 22 Länder
- Vertriebsniederlassungen in Los Angeles, New York, Dubai, Amsterdam, Birmingham und Helsinki
- Einkaufsbüros in Antwerpen, Bangkok, Bombay und Jaipur
- Fertigung der Importkollektion „Royal Siam" in Bangkok
- Präsenz auf fast allen Schmuckmessen der Welt
- zwei große Kollektionen pro Jahr, darunter die innovative „Rolling Diamonds"-Kollektion
- exklusive Auftragsarbeiten, wie der Entwurf eines Armbands für Rolls-Royce-Kunden

Der Schmuckdesigner und Gemmologe Stefan Mayer ist für den Einkauf der Edelsteine, das Design der Kollektionen, Marketing und Werbung zuständig. Der Diplom-Volkswirt Frank Mayer kümmert sich um die kaufmännischen und finanziellen Bereiche sowie um den Diamanthandel. Die gesamte Schmuckkollektion wird in Idar-Oberstein produziert. Alle Steine werden von gelernten Diamant- und Edelsteinschleifern sortiert und verarbeitet.

www.heinzmayer.com

Stefan und Frank Mayer
Schachenstraße 37
55743 Idar-Oberstein
Telefon 06781–9640
heinzmayer@heinzmayer.com

Innovative Schmuckkollektionen für exklusive Ansprüche

Heinz Mayer OHG

Innovative Werbung und Lichttechnik (IWL) GmbH

- gegründet als Malerbetrieb 1987
- 17 Mitarbeiter, darunter fünf Lehrlinge
- Werbetechnik
- Spezialanfertigungen mit hohem technischen Aufwand

Aufsehen erregt das große Werbeformat – wie etwa die größte Drehuhr Europas auf einem Koblenzer Bankgebäude, die von der HS Werbetechnik (heute IWL GmbH) entwickelt und aufgebaut wurde. Bemerkenswert ist jedoch eher das hohe Innovationspotenzial des seit 1994 auf Werbetechnik spezialisierten Unternehmens: So wurden die energiesparenden Leuchtreklameelemente „Save it Easy" selbst entwickelt; ebenso wie das „Media Case", ein vernetztes Terminal, das aktuelle Werbebotschaften bedarfsgerecht ausstrahlt, oder eine äußerst raumsparende LED-Technik.

Kunden findet das Unternehmen bundesweit, aber auch im Ausland, vor allem in den USA. Teilweise wird im fernen Osten produziert.

www.iwl-werbung.de

Geschäftsführer Hardy Schilkewitz
und Alois Steiert
Saffiger Straße 4
56299 Ochtendung
Telefon 02625-957040
ochtendung@iwl-werbung.de

Werben – aber Hightech
Innovative Werbung und Lichttechnik (IWL) GmbH

Kryostat und Detektor Technik Thomas

- gegründet 1999
- Einmannbetrieb in Kooperation mit Handwerksbetrieben
- Entwicklung und Bau von Instrumenten zur Messung radioaktiver Á-Strahlung für die Forschung
- enge Zusammenarbeit mit Einrichtungen der nuklearen Grundlagenforschung; Medizintechnik und Infrarot-Thermografie

Dr. Heinz Georg Thomas erwarb sich die Erfahrungen für seine Existenzgründung als Wissenschaftlicher Mitarbeiter am Institut für Kernphysik der Universität Köln. Er versteht sein Unternehmen als Bindeglied zwischen Forschung und Handwerk und ließ sich deshalb über eine Ausnahmegenehmigung in die Handwerksrolle eintragen.

Seine Tätigkeit erfordert nicht nur physikalische Kenntnisse, sondern auch das Know-how des Feinwerkmechaniker- und Elektrotechnikerhandwerks, denn er plant, konstruiert und fertigt Instrumente, die bei minus 185 Grad im Hochvakuum und bei 5000 Volt funktionieren müssen. Bei der Umsetzung seiner wissenschaftlich fundierten und technisch anspruchsvollen Projekte ist Heinz Georg Thomas in der Praxis auf eine fruchtbare Zusammenarbeit mit Handwerksbetrieben angewiesen.

www.ctthomas.de
www.c-t-t.com

Dr. Heinz Georg Thomas
Allmannshausen 13 a
56410 Montabaur
Telefon 02602-9979345
info@ctthomas.de

Bindeglied zwischen Handwerk und Forschung
Kryostat und Detektor Technik Thomas

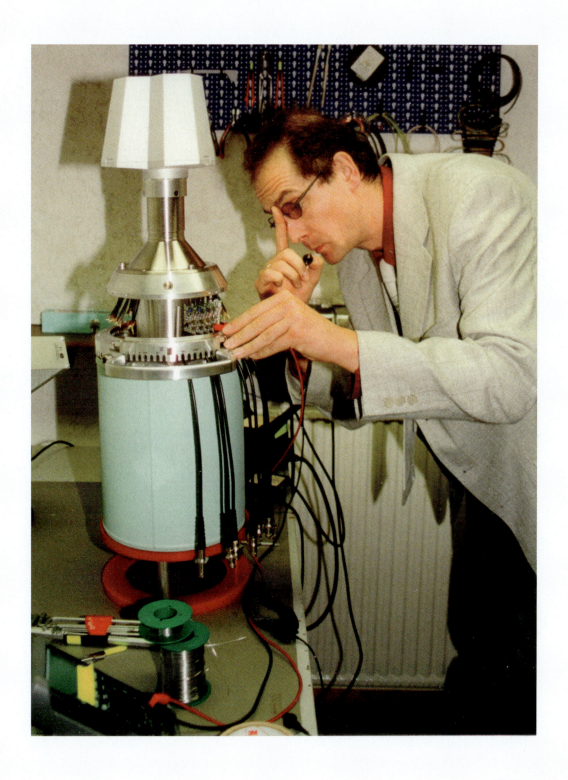

Matten Feuerstellen

- gegründet 1947
- Günter Matten baut seit 1975 Kamine und Kaminöfen. Seit 1994 entwirft er auch für andere bekannte Ofenfirmen, die in industrieller Serienfertigung produzieren.
- Entwurf und Einzelanfertigung von Feuerstellen aus Metall und von Kaminbestecken sowie von Kunstobjekten und Möbeln. Ein zweites Büro und ein Ausstellungsraum befinden sich in Caprezzo, Italien, am Lago Maggiore
- zahlreiche Preise und Auszeichnungen auf nationaler und internationaler Ebene

Der Schlossermeister Günter Matten, Absolvent der Fachhochschule für Metallgestaltung und Metalltechnik, baut skulpturale Ofenmodelle aus Stahl, Edelstahl, Bronze. Seine speziell für den jeweiligen Kunden entworfenen, formal und technisch vielfältig gestalteten und handwerklich aufwändig verarbeiteten Einzelstücke verleihen jedem Wohnraum eine besondere Note. Die doppelwandige Ofenkonstruktion ermöglicht ein sehr wirkungsvolles Heizen mit Konvektionsluft und Strahlungswärme. Details wie Griffe, Ventile, Rohrverkleidungen und Scharniere sind gestalterisch an jede einzelne Ofenform angepasst.

www.guenter-matten.de

Günter Matten
Wiesenstraße 7-9
56479 Niederroßbach
Telefon 02664-998701
guenter-matten@web.de

Ausgezeichneter Umgang mit dem Element Feuer
Matten Feuerstellen

Munsch Chemie-Pumpen GmbH
Munsch Kunststoff-Schweißtechnik GmbH

- gegründet 1964
- 95 Mitarbeiter, darunter fünf Lehrlinge
- Spezialpumpen aus Kunststoff, Kunststoff-Schweiß-Extruder
- die Spezialpumpen aus Kunststoff vertragen auch extrem aggressive und abrasive Flüssigkeiten
- mit dem eigens entwickelten Hand-Schweiß-Extruder – einer „Schweißpistole" – kann Kunststoff verschweißt werden
- Pumpen für die Halbleiterherstellung, Oberflächenbehandlung von Stahl, Rauchgasreinigung, Abwasserbehandlung, chemische und biologische Verfahrenstechnik

Schon von Anfang an bot das Unternehmen aus Ransbach-Baumbach Spezialgeräte für die Verarbeitung von Kunststoffen. Für diesen sich immer noch rasant entwickelnden Bereich produziert Munsch Spezialpumpen aus Kunststoff, die jede noch so ätzende oder heiße Flüssigkeit aushalten, sowie den selbst entwickelten Extruder – ein weltweit begehrtes Schweißgerät für Kunststoffe.

In Zusammenarbeit mit Hochschulen, Forschungseinrichtungen und dem Kunststoff-Center der Handwerkskammer Koblenz bleibt das Unternehmen an der Spitze der technischen Entwicklung und sorgt für eine ständige Weiterbildung der eigenen Mannschaft.

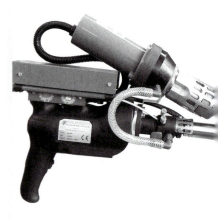

www.munsch.de

Geschäftsführer Stefan Munsch
Im Staudchen
56235 Ransbach-Baumbach
Telefon 02623–8980
munsch@munsch.de

Spezielles für Kunststoffe

Munsch Chemie-Pumpen GmbH
Munsch Kunststoff-Schweißtechnik GmbH

Orthopädietechnik Jaeger GmbH

- Seit 1997 führen der Betriebswirt VWA Thomas Jaeger und der Orthopädie-Schuhmachermeister Martin Jaeger gemeinsam das 1962 von ihrem Vater gegründete Unternehmen.
- 23 Mitarbeiter, darunter drei Auszubildende
- Sanitätshaus und Werkstatt für technische Orthopädie mit Schwerpunkt auf der Lösung von Fußproblemen
- Einsatz videogestützter Laufanalysen und computergestützter Vermessungstechniken
- seit 2001 Zusammenarbeit mit dem Institut für Sportwissenschaft der Universität Koblenz

Das überregional tätige Unternehmen deckt den gesamten Bereich der orthopädischen Hilfsmittel ab. Dabei werden traditionelles Handwerk und modernste Hightech-Verfahren bei Analyse und Fertigung vereint. Besonders die Versorgung von Diabetikern genießt hohes Ansehen bei Ärzten und Patienten. Das Ziel des Jaeger-Teams ist es, Menschen zu helfen und ihre gesundheitlichen Probleme durch den Einsatz individueller Maßarbeit zu beheben.

www.ortho-jaeger.de

Werner, Martin und Thomas Jaeger
Hermsdorferstraße 3
56112 Lahnstein
Telefon 02621-62340
und
Burgstraße 31
56112 Lahnstein
Telefon 02621-94160
info@ortho-jaeger.de

Modernste Analysetechniken und handwerkliche Fertigung

Orthopädietechnik Jaeger GmbH

Rieser Leather Arts & Silver

- gegründet 1985
- zehn Mitarbeiter, darunter drei Lehrlinge
- Produkte: auf das Maß von Pferd und Reiter/Reiterin angefertigte Sättel
- das Verfahren „Equiscan 3D" stimmt Sättel auf die individuellen Maße von Pferd und Reiter/Reiterin ab
- Kunden sind Liebhaber hochwertiger, exakt passender Sättel weltweit
- Auszeichnungen: zweiter Preisträger Handwerk beim „Innovationswettbewerb Rheinland-Pfalz 2004"; Equitana-Innovationspreis 2003, präsentiert von der Zeitschrift „Reiter Revue"

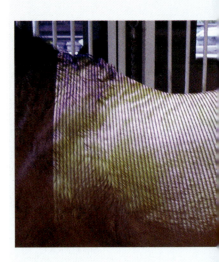

Das alte Sattlerhandwerk dient immer noch dem Sattelbau. Die Art und Weise der Herstellung wurde bei Rieser Sattel jedoch der digitalen Revolution angepasst: Mit der eigens entwickelten Messmethode „Equiscan 3D", bei der 300.000 Messpunkte vom Pferderücken oder der Messschablone eingescannt werden, gelingt es, die Sättel auf die individuellen Maße von Pferd und Reiter abzustimmen.

Die vom Pferderücken gemessenen Daten und die speziellen Kundenwünsche sind die Basis für die Modulation der Sattelbaummodelle. Über eine 3D-CNC-Fräse entsteht der hölzerne Sattelbaum, auf den schließlich der eigentliche Sattel aufgebaut wird – ein traditionelles Handwerk, mittlerweile hoch technisiert.

www.rieser-sattel.de

Inhaber Christoph Rieser
Im Kunsthandwerkerhof
56593 Obersteinebach
Telefon 02687-1636
c.rieser@rieser-sattel.de

Maßsatteln mit Scanner
Rieser Leather Arts & Silver

R & W Maschinenbau GmbH

- gegründet 1982
- 25 Mitarbeiter, darunter fünf Meister, ein Techniker, zwei Auszubildende
- Entwicklung und Herstellung von Laborgeräten sowie Produktion von Weltraumtechnik, außerdem Präzisionswerkzeug- und Formenbau
- Spezialanfertigungen für besondere Ansprüche mit modernsten CNC gesteuerten Maschinen
- Kunden: Hersteller von Labor-, Medizin- und Analysegeräten, wissenschaftliche Institute, Weltraumindustrie, Zulieferer Automobilindustrie
- Preis der Handwerksmesse 2001 „Handwerk ist Hightech"

R & W Maschinenbau ist ein bemerkenswertes Beispiel einer gelungenen Zusammenarbeit von Technik, Wissenschaft und Handwerk. Das Unternehmen ist spezialisiert auf die Herstellung von Präzisionsteilen, unter anderem für die Labortechnik.

Nun will R & W mit seinen Produkten jedoch hoch hinaus – auf den Mars. Zurzeit arbeitet das Remagener Unternehmen an der Fertigung von Robotern, die am Deutschen Forschungszentrum für Künstliche Intelligenz (DFKI) an der Universität Bremen entwickelt wurden.

Der „Scorpion", der, wie sein tierischer Namenspate auf acht Beinen, das unwirtliche Marsgelände erkunden helfen soll, wird auf der Grundlage einer NASA-Studie in Bremen entwickelt. Am zweiten Roboter – „ARAMIES" – wird am DFKI im Auftrag der Europäischen Weltraumagentur ESA und des Deutschen Zentrums für Luft- und Raumfahrt DLR geforscht.

Ob NASA und ESA für ihre nächsten Reisen zum Mars den in Remagen gefertigten Robotern letztendlich den Zuschlag geben werden, steht zwar noch in den Sternen. Die Kooperation zeigt jedoch, dass herausragende Handwerksbetriebe auch als Partner der Grundlagenforschung dienen können.

www.ruwmaschinenbau.de

Geschäftsführer Herbert Richarz und Heinz Wilwerscheid
Zeppelinstraße 24, Gewerbegebiet S
53424 Remagen
RuWGmbH@t-online.de

Handwerk auf den Mars
R & W Maschinenbau GmbH

Schmitt Stahlbau GmbH

- gegründet 1924
- 35 Mitarbeiter, darunter 5 Lehrlinge
- Bau von Booten, Anlegestellen und Hochwasserschutzeinrichtungen aus Stahl

Das Familienunternehmen hat sich auf einen Bereich spezialisiert, der nicht unbedingt sofort mit dem Werkstoff Stahl in Verbindung gebracht wird. Denn was hier aus Stahl gefertigt wird, muss sich später im Wasser bewähren: Wasserfahrzeuge, wie etwa schnelle Feuerwehrboote oder schwere Autofähren, aber auch Landebrücken für Sportboote, Fahrgast- und Kabinenschiffe, Hochwassertore und Schleusenzubehör.

Spezialanfertigungen für besondere Ansprüche sind die Stärken des Familienunternehmens. Dazu passt, dass die findigen Stahlbauer einen speziellen Schiffsantrieb entwickelt haben und patentieren ließen: den Kugelantrieb mit hohem Wirkungsgrad, großer Laufruhe und Zuverlässigkeit auch bei niedrigen Wasserständen.

www.schmitt-stahlbau.de

Geschäftsführer Josef Schmitt und
Matthias Schmitt
Industriestraße 15
56626 Andernach
Telefon 02632-96550
info@stahlbau-schmitt.de

Stahl schwimmt
Schmitt Stahlbau GmbH

Schneider Prototyping GmbH

- gegründet 1991
- 90 Mitarbeiter, darunter fünf Lehrlinge
- Prototypen, Modell- und Formenbau
- computer- und lasergestützte Verfahren
- Kunden: Industrie, vor allem Automobilindustrie

Prototypen sind Gestalt gewordene Vision. Das Team der Schneider Prototyping GmbH hilft dabei, aus Visionen Gegenstände zu schaffen, die zunächst ausprobiert und weiterentwickelt werden, bis sie schließlich als Serienprodukt auf den Markt kommen.

Mit der Automobilindustrie als Auftraggeber erhält das Unternehmen immer wieder außergewöhnliche und faszinierende Aufgaben, wie etwa die Herstellung von Bauteilen für den stärksten Serien-PKW überhaupt, den Bugatti EB 16.4 mit 1001 PS.

Mit speziellen innovativen Verfahren – wie dem Lasersintern, bei dem Polyamid ohne eigens erstelltes Werkzeug verarbeitet wird, oder dem bei Schneider Prototyping entwickelten SoliCast-Verfahren für komplexe Gussteile – ist die Firma in der Lage, flexibel, schnell und kostengünstig auf die Wünsche der Auftraggeber einzugehen.

www.schneider-prototyping.de

Geschäftsführer Dr. Henri-Jacques Topf
Seeber-Flur 10
55545 Bad Kreuznach
Telefon 0671–888770
info@schneider-prototyping.de

Handwerk lässt in die Zukunft blicken
Schneider Prototyping GmbH

Stoffel Design

- gegründet 1994
- vier Mitarbeiter, darunter zwei Meister
- zahlreiche Preise und Auszeichnungen auf nationaler und internationaler Ebene
- Schmuckstücke und freie Objekte aus Stein

Der Edelsteinschleifer und Schmuckgestalter Thomas Stoffel durchmisst die ganze Welt der zumeist farbigen Edelsteine. Auch wenn er sich im Bereich der freien Plastik verwirklicht, ist seine Domäne die angewandte Kunst des Designs. Er bevorzugt eine klare, kompromisslose Formensprache. Das Zusammenspiel von Farben, die Proportion oder die Klarheit sind nur einige der Entscheidungs- und Qualitätsmerkmale. Unter dem Label „Stoffel Design" will er Schmuck für den Menschen machen.

www.stoffel-design.com

Thomas Stoffel
Hauptstraße 53
55758 Stipshausen
Telefon 06544-522
Fax 06544-9282
stoffel-design@t-online.de

Kreativität, die mutig Altbewährtes hinter sich lässt
Stoffel Design

TE-KO-WE J. Kozlowski GmbH

- gegründet 1925
- 26 Mitarbeiter, darunter ein Auszubildender als Maschinenbaumechaniker
- industrieller Verschleißschutz durch den Einsatz keramischer Bauteile
- Forschungs-Kooperationen mit anderen Unternehmen und mit wissenschaftlichen Foschungsinstituten der Universität Kaiserslautern, dem Fraunhofer-Institut für Werkstoffmechanik und dem Forschungsinstitut Keramik

1986 begann der Maschinenbauermeister und Industrie-Elektroniker Joachim Kozlowski in dem von seinem Vater übernommenen Maschinenbau-Unternehmen die Möglichkeiten der Keramik als Werkstoff der Zukunft zu erforschen, zu nutzen und auszubauen. TE-KO-WE setzt Keramik da ein, wo Produkte für Bauteile benötigt werden, die hoch abriebfest, korrosions- und hitzebeständig, resistent gegen Chemikalien oder auch lebensmittelverträglich sein sollen. Hierzu zählen: Schneidwerkzeuge, Motorventile, Textilwalzen, Leimdüsen, Führungsringe, keramische Walzen, Gleitringdichtungen und medizinische Gerätschaften. Mit dieser Ausrichtung und der Orientierung an immer neuen Zielen entwickelte sich das Unternehmen zum High-Tech-Lieferanten im Maschinenbau.

www.te-ko-we.de

Geschäftsführer Joachim Kozlowski
Beim Weißen Stein 3
56579 Bonefeld
Telefon 02634-9697-0
info@te-ko-we.de

Innovation in Ton –
Handwerk formt technische Keramik
TE-KO-WE J. Kozlowski GmbH

Tischlerei Sommer

- gegründet 1989
- sieben Mitarbeiter, darunter drei Auszubildende
- Beratung, Planung, Herstellung und Montage hochwertiger Möbel aus Holz nach individuellen Kundenwünschen; zahlreiche Preise und Auszeichnungen

Tischlermeister Gregor Sommer erhielt für die zusammen mit seiner Frau Barbara entworfenen Tische und Kochtische mehrere – auch nationale – Auszeichnungen. Das Unternehmen fertigt neben Möbeln für alle Lebensbereiche Türen und Tore aus massivem Holz, gestaltet nach strengen Kriterien an Form und Funktion, mit höchsten Ansprüchen an die handwerkliche Verarbeitung.

Einige Möbelobjekte sind kombiniert mit Elementen aus Stein und Stahl, die verschiedene Steinmetz- oder Schmiedebetriebe jeweils im Auftrag herstellen. Die hohe Wertschätzung des Designs der Firma Sommer zeigt sich auch bei der Vergabe außergewöhnlicher Aufträge. So fertigte der Betrieb die Stühle für Papst Benedikt XVI. anlässlich des Weltjugendtages in Köln 2005.

www.tischlerei-sommer.de

Gregor Sommer
Gewerbepark Siebenmorgen
53547 Breitscheid
Telefon 02638–6885
info@tischlerei-sommer.de

Preisgekröntes Design in Holz
Tischlerei Sommer

Aufsätze Teil 2

Heino Nau

Das Handwerk und die Wirtschaftspolitik der Europäischen Kommission*

Kleine und mittlere Unternehmen (KMU), gemäß einer Empfehlung der Europäischen Kommission definiert als Unternehmen mit weniger als 250 Beschäftigten, machen einen großen Teil der europäischen Wirtschaft aus. In der Europäischen Union gibt es rund 23 Millionen KMU, die annähernd 75 Millionen Arbeitsplätze stellen und 99 Prozent des gesamten Unternehmensbestands bilden. Nicht zuletzt aufgrund ihres Beschäftigungsanteils von bis zu 80 Prozent in einigen Industriesektoren, wie beispielsweise in der Textilbranche, dem Baugewerbe oder der Möbelindustrie, spielen KMU eine Schlüsselrolle in der europäischen Industrie. KMU stellen eine wichtige Quelle für unternehmerische Fähigkeiten und Innovation dar und tragen zum wirtschaftlichen und sozialen Zusammenhalt bei.

In der neuen EU-Wirtschaftspolitik für Wachstum und Beschäftigung wird besonders auf die Notwendigkeit hingewiesen, die Rahmenbedingungen für die Unternehmen zu verbessern, die Anliegen der KMU zu berücksichtigen und ihnen angemessene Unterstützung zukommen zu lassen. Tatsächlich sind KMU unverzichtbar, wenn ein stärkeres, dauerhaftes Wachstum herbeigeführt und mehr und bessere Arbeitsplätze geschaffen werden sollen. Um der Wirtschaft neuen Auftrieb zu geben, braucht Europa zudem mehr Menschen, die den Schritt in die Selbständigkeit zu wagen bereit sind – der Förderung der unternehmerischen Kultur kommt somit eine erhebliche Bedeutung zu.

KMU-freundliche Politiken sind sowohl auf Gemeinschaftsebene als auch in den Mitgliedstaaten zunehmend wichtig für die Freisetzung des ökonomischen Potenzials der Europäischen Union. Aus diesen Gründen ergreift die Europäische Kommission jetzt Maßnahmen, mit denen sichergestellt werden soll, dass die KMU weiterhin ganz oben auf der politischen Tagesordnung stehen. Sie schlägt einen Neubeginn für die KMU-Politik vor, der in enger Partnerschaft mit den Mitgliedstaaten verwirklicht werden soll.

Das Potenzial von Handwerksunternehmen als Wachstumsträger, Förderer des Beschäftigungswachstums, Schlüsselfaktor für Stabilität sowie wirtschaftlichen und sozialen Zusammenhalt in der Europäischen Union ist bedeutsam. In einer Zeit, in der in vielen Großunternehmen Arbeitsplätze in großer Zahl abgebaut werden, haben Handwerk und KMU eine bemerkenswerte Fähigkeit

* Die in diesem Artikel dargelegten Ansichten und Meinungen sind allein diejenigen des Autors. Sie repräsentieren in keiner Weise offizielle Positionen der Europäischen Kommission.

zur Schaffung neuer Arbeitsplätze bewiesen. Es ist deswegen notwendig, günstige Rahmenbedingungen für die Gründung und den Aufbau von Handwerksbetrieben zu schaffen. Ein gesundes Handwerk ist für die wirtschaftliche und soziale Stabilität, die lokale Entwicklung und die Eingliederung in den Arbeitsmarkt sowie als Ort der Weitergabe von Wissen an die nächste Generation unerlässlich. Deswegen ist es wichtig, das Image des Handwerks zu fördern und aufzuwerten. Dies sind die Gründe, weshalb die Europäische Kommission die Entwicklung dieses Sektors in besonderer Weise unterstützt.

Bessere Rahmenbedingungen für das europäische Handwerk

In Anwendung des Subsidiaritätsprinzips hat die Europäische Kommission die Ausgestaltung der Handwerkspolitik den Mitgliedstaaten überlassen, die je nach Tradition, Gesetzgebung und Organisation des Handwerkssektors sehr unterschiedliche Wege gegangen sind. Die Spannweite reicht von einem sehr kleinen Handwerksbereich, der nur das Kunsthandwerk umfasst, wie in Großbritannien und Irland, bis zu mehr als 200 Handwerksberufen in Frankreich mit einer Fülle von Verordnungen, Gesetzen und Unterstützungsmaßnahmen, wobei die Betriebsgröße auf in der Regel 10 Beschäftigte ohne Familienangehörige begrenzt ist.

Die Vertreter der nationalen Handwerksverbände, soweit es sie gibt, sehen überwiegend keinen Handlungsbedarf auf der europäischen Ebene, der über eine lockere Koordinierung und einen Austausch von besten Erfahrungen hinausgeht. Jeder ist stolz auf sein System und notwendige Änderungen werden im jeweiligen nationalen Rahmen umgesetzt.

Allerdings gibt es gemeinsame Herausforderungen, wie etwa die Globalisierung der Wirtschaft, Umweltschutz, Arbeitssicherheit, Nahrungsmittelhygiene, die Erweiterung der Europäischen Union und die Dienstleistungsfreiheit, die Verbesserung der Wettbewerbsfähigkeit der Handwerksbetriebe und damit die Stärkung ihrer Innovationsfähigkeit.

Diese Fragen betreffen aber alle Unternehmen und nicht nur Handwerksbetriebe. So gesehen gibt es keine europäische Handwerkspolitik, sondern es gibt europäische Maßnahmen zugunsten von kleineren und mittleren Unternehmen. Diese Maßnahmen sind allerdings begrenzt. Weniger als 5 Prozent aller Unternehmen erhalten eine finanzielle Unterstützung von europäischen Förderinstrumenten, überwiegend von den Strukturfonds, die von den Mitgliedstaaten verwaltet werden.

Die Stärke der europäischen Wirtschaftspolitik liegt daher weniger in der direkten Unterstützung von Unternehmen – was übrigens vom fernen Brüssel aus nur sehr schwierig über Ausschreibungen zu bewältigen ist, die naturgemäß KMU sehr stark belasten – sondern in der Ausgestaltung des Europäischen Binnenmarktes, dem Abbau der Binnengrenzen sowie der Einführung einer einheitlichen Währung.

Darüber hinaus werden die unternehmensrelevanten Rahmenbedingungen jedoch in den europäischen Mitgliedstaaten geschaffen. Es ist vor allem erforderlich,
- die Unternehmensgründungen insbesondere durch junge Menschen und durch Frauen, für die eine selbständige Erwerbstätigkeit eine der besten Chancen zur Eingliederung in den Arbeitsmarkt darstellt, zu fördern
- den bereits bestehenden Unternehmen eine verbesserte Wettbewerbsfähigkeit, den Zugang zu neuen Märkten und die Entwicklung neuer Produkte/Dienstleistungen zur Ankurbelung von Wachstum und Beschäftigung zu ermöglichen.

Insbesondere sollte die Unterstützung für Handwerksbetriebe angepasst werden, und zwar nach Maßgabe
- des betroffenen Wirtschaftszweigs (arbeitskraftintensive oder kapitalintensive Zweige, traditionelle oder innovative Zweige)
- des Lebenszyklus' des Unternehmens (Gründung, Aufbau, Übergabe)
- bestimmter Zielgruppen (zum Beispiel Jungunternehmer, Unternehmerinnen und mitarbeitende Ehegatten), die über ein ungenutztes Potenzial zur Schaffung von Arbeitsplätzen verfügen.

Die Europäische Kommission versucht deswegen, die Maßnahmen der EU-Mitgliedstaaten nach folgenden Grundsätzen zu unterstützen:
- Außenwirkung und Werbung für die durchgeführten Maßnahmen und/oder Aktionen zur Gewährleistung der erforderlichen Transparenz sowie der Möglichkeit eines Austauschs vorbildlicher Verfahren
- Beobachtung und Bewertung der Ergebnisse dieser Maßnahmen und/oder Aktionen, insbesondere ihrer Beschäftigungswirksamkeit.

Der wirtschaftliche Aufschwung von Handwerksbetrieben kann durch die Schaffung günstiger Entwicklungsbedingungen gefördert werden. Besonders bedeutsam sind die steuerlichen Rahmenbedingungen.

Generell sollte sich die Beteiligung der Vertreter von Handwerk und Kleinunternehmen an den Überlegungen zur Nutzung der Steuerpolitik als Instrument der Beschäftigungsförderung günstig auswirken. Die gezielte Senkung der Mehrwertsteuersätze für arbeitskraftintensive Dienstleistungen, für verschiedene Umweltdienstleistungen und für den Fremdenverkehr könnte die Nachfrage in diesen Branchen anregen und die Schwarzarbeit eindämmen.

Nicht minder bedeutsam sind die administrativen und rechtlichen Rahmenbedingungen, insbesondere die Vereinfachung bestehender Regelungen. Dies gilt auch für die Verbesserung des Zugangs dieser Unternehmen zu den Waren- und Dienstleistungsmärkten, insbesondere zu öffentlichen Aufträgen und den Märkten, die liberalisiert worden sind oder es noch werden. Diese Maßnahmen werden von der Europäischen Kommission aktiv unterstützt.

Mit Blick auf die finanziellen Aspekte ist vor allem die Verbesserung der Bedingungen für die Gründung von Unternehmen und die Kreditaufnahme durch Kleinunternehmen und Handwerksbetriebe zu nennen. Die Europäische Kommission hat unter Mitwirkung des Europäischen Investitions-Fonds (EIF) ein System von Kreditgarantien entwickelt, das auf die besonderen Bedürfnisse von Handwerksbetrieben und Kleinunternehmen zugeschnitten ist. Der EIF kooperiert mit öffentlichen KMU-Förderbanken, Kreditgarantiegesellschaften und anderen Finanzierungsinstituten. Damit diese Maßnahmen greifen, ist eine Verbesserung der Information über Handwerk und Kleinunternehmen in den Finanzinstitutionen durch entsprechende Erstausbildung und Weiterbildung des Personals notwendig. Auch die Aufklärung der Unternehmer über die zur Verfügung stehenden Finanzierungsinstrumente, einschließlich alternativer Finanzierungsformen, beispielsweise Kreditgarantiegemeinschaften, ist von Vorteil.

Die Mittel zur Unterstützung der KMU werden aus den gemeinschaftlichen Programmen zur Unternehmensförderung bereitgestellt werden, das heißt dem Mehrjahresprogramm für Unternehmen und unternehmerische Initiative und dem Rahmenprogramm für Wettbewerbsfähigkeit und Innovation. Da sich die KMU-Politik jedoch oft in Initiativen äußert, die auf lokaler und regionaler Ebene konzipiert und durchgeführt werden, müssen andere wichtige Finanzierungsquellen genutzt werden, wie beispielsweise die Fonds der Kohäsionspolitik. Die Strukturfonds spielen eine Schlüsselrolle bei der Förderung unternehmerischer Initiative und Fähigkeiten und der Verbesserung des Wachstumspotenzials der KMU, beispielsweise durch Unterstützung der technologischen Entwicklung der KMU, Bereitstellung von Unterstützungsdiensten für Unternehmen und Stärkung der Zusammenarbeit zwischen KMU. Aus den Strukturfonds wurden im Zeitraum 2000–2005 rund 21 Milliarden Euro für KMU zur Verfügung gestellt, und die in den Strategischen Leitlinien der Gemeinschaft für die Kohäsionspolitik empfohlenen Orientierungen verstärken dieses Engagement. KMU-relevante Aspekte kommen auch in der neuen

Politik zur Entwicklung des ländlichen Raums zum Tragen, in deren Rahmen finanzielle Unterstützung für die Gründung von Kleinstunternehmen zur Diversifizierung der ländlichen Wirtschaft bereitgestellt wird.

Mit Blick auf die technischen Rahmenbedingungen steht die Förderung der laufenden Betreuung von Handwerksbetrieben und Kleinunternehmen durch die Einrichtung von Dienstleistungen für Unternehmen, die Erleichterung des Zugangs hierzu und/oder ihre Intensivierung (zum Beispiel Europäische Unternehmens- und Innovationszentren – CEEI/BIC) im Vordergrund.

Die Herausbildung und Entwicklung einer europäischen Kleinunternehmenskultur ist eine der größten Herausforderungen in der Zukunft. Die Förderung von Unternehmenskultur und Unternehmergeist gerade bei jungen Menschen und ihren Eltern, in den Medien sowie in der allgemeinen und der beruflichen Bildung sollte im Vordergrund stehen. Hierzu dienen die Fortführung der Initiativen im Rahmen der europäischen Berufsbildungspolitik zur Aufwertung von Lehre und alternierender Ausbildung in der allgemeinen Bildung und der beruflichen Erstausbildung sowie die Intensivierung der Managementausbildung als Ermutigung für junge Menschen, ihr eigenes Unternehmen zu gründen. Auch die Aufklärung der externen Partner der Kleinunternehmen (Banken, Versicherungen, Juristen, Personal der öffentlichen Verwaltungen usw.) über die Besonderheiten des Sektors auf dem Wege der Erstausbildung und der Weiterbildung sind bedeutsam. Die Europäische Kommission unterstützt insbesondere die Erleichterung der Übergabe eines Unternehmens an die nächste Generation, nicht nur durch die Übertragung des produktiven Kapitals, sondern auch durch den Wissenstransfer über Lehrgänge. Auch die Verbreitung vorbildlicher Management- und Organisationsverfahren sowie die Fähigkeit zur Innovation und zur Übernahme neuer Technologien werden von der Europäischen Kommission gefördert.

Bereits bei der Planung von Maßnahmen und/oder Politiken der Mitgliedstaaten und der Gemeinschaft in den Bereichen Wirtschaft und Soziales ist den Besonderheiten von Handwerk und Kleinunternehmen Rechnung zu tragen. Die Befähigung der Handwerksbetriebe und Kleinunternehmen, als Akteure in allen Phasen am sozialen Dialog teilzunehmen, ist für die Wahrnehmung von deren Interessen entscheidend. Die Handwerksbetriebe, Kleinunternehmen und ihre Vertreter müssen darin bestärkt werden, sich in den Austausch und die Zusammenarbeit innerhalb der Gemeinschaft und mit Drittländern einzubringen. Die europäische Wirtschaftspolitik versucht Anreize zu schaffen, um den Technologietransfer und die Ausbildung zugunsten von Kleinunternehmen und Handwerksbetrieben zu fördern. Hierzu gehören auch die Intensivierung der

Zusammenarbeit zwischen den für Handwerk und Kleinunternehmen in der Europäischen Union zuständigen Organisationen mit den entsprechenden Strukturen in Drittländern sowie die Verbesserung der Synergien zwischen den bestehenden Fördernetzen der Gemeinschaft für KMU (Euro-Info-Centres, Gewerbe- und Innovationszentren, Verbindungsbüros für Forschung und Technologie, CRAFT-Netz einzelstaatlicher Kontaktstellen usw.).

**Verbesserung des Marktzugangs
von Kleinunternehmen und Handwerk**

KMU profitieren nicht in vollem Umfang von den Chancen, die der Binnenmarkt ihnen bietet, vor allem weil sie trotz der anhaltenden Bemühungen der Kommission und der Mitgliedstaaten, grenzüberschreitende Tätigkeiten innerhalb der EU zu erleichtern und zu fördern, nur unzureichend über ihre Geschäftsmöglichkeiten im Ausland informiert sind. Insbesondere sind sich die KMU nicht immer über die Möglichkeiten der Märkte für öffentliche Aufträge im Klaren, verfügen nicht über ausreichende Mittel, um am Normungsprozess teilzunehmen oder Rechte an geistigem Eigentum zu nutzen, und haben Schwierigkeiten beim Umgang mit komplizierten und unterschiedlichen Steuersystemen. KMU sollten stärker zur Internationalisierung ermutigt werden, da diese oft zu einer besseren Wettbewerbsposition und zu mehr Wachstum und Produktivität für die Unternehmen führt.

Die Kommission wird eine neue Initiative einleiten, mit der untersucht werden soll, wie die öffentliche Politik den KMU helfen kann, stärker vom europäischen Binnenmarkt zu profitieren. Parallel dazu wird die Kommission die Arbeiten an einer Rechtsform für EU-Unternehmen fortsetzen, die den KMU Anreize zum Aufbau grenzüberschreitender Partnerschaften geben soll.

In der EU werden jährlich öffentliche Aufträge in Höhe von mehr als 1,5 Billionen Euro vergeben, das entspricht 16 Prozent des Bruttoinlandsproduktes der EU. Die Umsetzung der neuen Vergaberichtlinien seit Anfang 2006 wird zu einer weiteren Modernisierung und Vereinfachung der Vergabeverfahren führen, insbesondere durch Förderung der elektronischen Auftragsvergabe und einer umweltfreundlichen öffentlichen Beschaffung (Green Public Procurement). Dies dürfte auch den KMU zugute kommen, einschließlich der ökoinnovativen KMU, die von dem neuen umweltgerechten Beschaffungswesen profitieren werden.

Die Kommission hat Initiativen zur Förderung der Beteiligung der KMU an Normungsarbeiten und zur Sensibilisierung der KMU für Normen eingeleitet. Dazu gehört, dass die Interessen der KMU im Normungsprozess in vollem

Umfang berücksichtigt werden und dass ihnen regelmäßig aktualisierte Informationen über neue Normen in einem präzisen und verständlichen Format zur Verfügung gestellt werden.

Die Kommission plant, neue Initiativen für das Netz der Euro-Info-Centres (EIC) vorzuschlagen, um KMU zur Teilnahme an Kooperations- und Vermittlungsveranstaltungen für Unternehmen insbesondere in Grenzregionen zu ermutigen. Auch Handelshemmnisse auf Drittlandsmärkten, zum Beispiel Einfuhr- und Zollvorschriften, können eine unverhältnismäßige Belastung für KMU darstellen. Im Rahmen des Dialogs, den sie mit allen ihren wichtigen Handelspartnern sowohl auf bilateraler als auch auf multilateraler Ebene führt, wird die Kommission weiter versuchen, die Hindernisse für europäische Exporteure abzubauen und einen besseren Zugang zu den internationalen Märkten zu schaffen.

Abbau bürokratischer Hindernisse

Auf Gemeinschaftsebene ist die Kommission entschlossen, das Prinzip „Think Small First" („zuerst an die KMU denken") allen gemeinschaftlichen Politiken voranzustellen und sich für die Vereinfachung der Rechts- und Verwaltungsverfahren einzusetzen. Dabei soll besonders berücksichtigt werden, dass die Regelung nachhaltigen sozialen und ökonomischen Aspekten gerecht wird.

Es ist erwiesen, dass KMU unverhältnismäßig stark unter administrativen Belastungen leiden. Bessere Rechtsetzung ist deshalb besonders wichtig, zumal die KMU nur über begrenzte Mittel verfügen und keine ausreichenden Fachkenntnisse haben, um mit den oft komplizierten Vorschriften und Regelungen umgehen zu können. Um die Rahmenbedingungen für Wachstum und Beschäftigung zu verbessern, wird die Kommission die gemeinschaftlichen Regelungen und Rechtsvorschriften vereinfachen, wie in der unlängst vorgelegten Mitteilung zur Vereinfachung des ordnungpolitischen Umfelds dargelegt. Da die Vereinfachung jedoch eine gemeinsame Aufgabe ist, müssen die Mitgliedstaaten sich in ihren einzelstaatlichen Rechtsvorschriften damit befassen und die EU-Regelungen auf möglichst einfache Weise umsetzen.

Verstärkte Aufmerksamkeit widmet die Kommission überdies den durch die administrative Belastung bedingten Hemmnissen, die die KMU an der Schaffung von Arbeitsplätzen hindern, und fordert die Mitgliedstaaten auf, umgehend die Ergebnisse eines vor kurzem vorgelegten Berichts über Selbständige umzusetzen, einschließlich der Empfehlungen zur Erleichterung der Personaleinstellung für kleine Betriebe.

Die Kommission hat einen Vorschlag für eine Richtlinie des Rates zur Einführung einer einheitlichen Schwelle für die Mehrwertsteuer-Befreiung von 100.000 Euro Jahresumsatz und zur Schaffung einer einzigen Mehrwertsteuer-Anlaufstelle vorgelegt, um die mehrwertsteuerlichen Pflichten zu vereinfachen und die KMU zur Ausweitung des Handels innerhalb der EU anzuregen. Die Kommission drängt auf eine zügige Verabschiedung dieser Richtlinie. Außerdem werden die Mitgliedstaaten aufgefordert, ihre direkten Steuern zu überprüfen, um unnötige Belastungen der KMU abzubauen. Und schließlich wird die Kommission in den Mitgliedstaaten bewährte Verfahren der steuerlichen Behandlung von einbehaltenen Gewinnen, die die Eigenkapitalsituation der KMU stärken, ermitteln.

Die Förderung der Verbreitung von Informations- und Kommunikationstechnologien (IKT), elektronischem Lernen (E-Learning) und elektronischem Geschäftsverkehr (E-Business) ist ein Schlüsselelement für die Verbesserung der Wettbewerbsfähigkeit von KMU. Die Kommission wird weiterhin die Vernetzung der für diesen Bereich zuständigen politischen Entscheidungsträger durch das eBusiness Support Network (Netz zur Unterstützung des elektronischen Geschäftsverkehrs) für KMU fördern. Sie wird zum Austausch und zur Verbreitung bewährter Verfahren anregen, die Schulung von KMU-Beratern unterstützen und die Zusammenarbeit zwischen IKT-Anbietern und KMU fördern.

Stärkung des Dialogs und der Konsultation mit den KMU-Akteuren

Die KMU sind schlecht über die EU und ihre Tätigkeiten informiert und betrachten deren Auswirkungen auf ihr Geschäft zuweilen kritisch. Oft erfassen sie die Möglichkeiten, die die EU ihnen bietet, nicht vollständig. Auch die europäischen Institutionen müssen die Fähigkeit, den KMU mit ihren Anliegen zuzuhören, verstärken und gemeinsam mit den Mitgliedstaaten ein positives Image des Unternehmertums fördern. Die Verringerung der Informationslücke zwischen den europäischen Institutionen und den Unternehmen, vor allem den KMU, ist eine wesentliche Voraussetzung dafür, dass den Bürgern das Projekt Europa wieder nahe gebracht werden kann.

Die Kommission wird den Dialog mit den Akteuren und ihre Konsultation auf eine regelmäßigere und besser strukturierte Grundlage stellen, um der Vielfalt der Gesprächspartner gerecht zu werden, zu denen neben den europäischen Unternehmensverbänden nationale und lokale Unterstützungseinrichtungen und Berater von Kleinunternehmen sowie in gewissem Umfang auch die KMU selbst zählen. Die Kommission und insbesondere ihr KMU-Beauftragter haben sich verpflichtet, die jeweiligen Akteure umfassend zu konsultieren, um sicherzustellen, dass ihre Anliegen im politischen Entscheidungsprozess berücksichtigt werden.

Die Kommission ist sich bewusst, dass die Unternehmensverbände bei der Weiterleitung von Feedback von den KMU zu den europäischen Institutionen eine zentrale Rolle spielen. Sie plant jedoch die Einführung eines schnellen und anwenderfreundlichen Konsultationsmechanismus („KMU-Panel") über das Netz der Euro-Info-Centres, um auf diese Weise die Ansichten der KMU zu spezifischen Politikbereichen kennen zu lernen. Darüber hinaus überprüft die Kommission derzeit die Initiative „Interaktive Politikgestaltung" und wird Vorschläge vorlegen, wie ihr Rückkoppelungs-Mechanismus so verbessert werden kann, dass die KMU ihre Probleme leichter mit den EU-Rechtsvorschriften identifizieren können. Und schließlich hat die Kommission soeben einen Bericht über die Konsultation von Interessenvertretern auf nationaler und regionaler Ebene veröffentlicht, in dem sie konkrete Vorschläge zur Verbesserung des Konsultationsmechanismus macht.

Schließlich wird die Kommission die Zusammenarbeit mit den Mitgliedstaaten und anderen Akteuren fördern. Sie wird die Vernetzung mit einzelstaatlichen Verwaltungen zu KMU-relevanten Themen vorantreiben, und die Zusammenkünfte mit den Unternehmensverbänden zur Erörterung politischer Fragen werden auf einer regelmäßigeren Basis fortgeführt werden. Um die umfassende Einbeziehung aller Interessengruppen sicherzustellen, wird die Kommission jährlich eine hochrangige Konferenz einberufen, auf der die Fortschritte bei der Umsetzung dieser Mitteilung geprüft und künftige Maßnahmen erörtert werden. Darüber hinaus wird die Kommission die Beteiligung von KMU an hochrangigen Gruppen, Rundtischen und gegebenenfalls anderen Foren fördern und Ende dieses Jahres oder Anfang 2007 eine europäische Konferenz für Handwerk und kleine Unternehmen ausrichten.

Literatur

Europäische Kommission: KOM-Dokument (2002) 743, (2004), 728 endgültig,
 (2005) 299, 304, 535, 551 endgültig
Europäische Kommission: SEK-Dokumente (2005), 985

Die Welt als Markt – das ist für die Fuhrländer AG, Hersteller von Windkraftanlagen, eine Selbstverständlichkeit: Chinesische Techniker werden bei Fuhrländer in Waigandshain geschult, 2006.

Klaus Müller

Deutsche Handwerksbetriebe im europäischen Ausland

Wenn über das Handwerk gesprochen wird, denken die meisten Leute an Berufe wie Bäcker, Friseur oder Maurer. So unterschiedlich diese drei Handwerkszweige auch sein mögen, gemeinsam ist ihnen, dass ihre Kunden in der Regel in einem relativ eng begrenzten regionalen Umfeld wohnen. Dieses Bild des Handwerks ist jedoch unvollständig. Es gibt eine beträchtliche Anzahl von Betrieben, die mit wachsendem Erfolg Auslandsmärkte bearbeiten. Diese Betriebe haben sich meist auf eine kleine Marktnische spezialisiert und sind hier international durchaus konkurrenzfähig.

Leider liegen derzeit keine genauen Daten über die Zahl der im Ausland tätigen Handwerksunternehmen und ihren dort erzielten Umsatz vor. Jedoch weisen Befragungsergebnisse darauf hin, dass sich die handwerklichen Auslandserfolge gegenüber der Handwerkszählung 1994 beträchtlich erhöht haben. Waren damals erst ca. 17.000 Handwerksbetriebe im Ausland tätig, so dürfte diese Zahl bis heute auf fast 30.000 gestiegen sein. Dabei werden gut drei Prozent des handwerklichen Umsatzes im Ausland erzielt.

Die Gründe für das verstärkte Auslandsengagement des Handwerks in den letzten Jahren sind vielfältig. Eine erhebliche Rolle haben sicher die Einführung des europäischen Binnenmarktes und die Erweiterungsrunden Mitte der 1990er Jahre durch die Länder Österreich, Schweden und Finnland sowie im Jahr 2004 durch mehrere mittel- und osteuropäische Länder gespielt. Hinzu kommt die Einführung des Euro. In diesem vergrößerten gemeinsamen Markt ist es für Handwerksbetriebe heute viel einfacher möglich, Auslandsschranken zu überwinden. Auch ist zu beachten, dass die deutschen Handwerkskammern ihre Unterstützung für die an Auslandsgeschäften interessierten Betriebe in den letzten Jahren meist beträchtlich ausgebaut haben. Diese Unterstützung ist gerade für die kleinbetrieblich strukturierten Handwerksbetriebe bei ihren ersten Schritten in den Auslandsmarkt sehr wichtig.

Einzelergebnisse verschiedener Erhebungen weisen darauf hin, dass das Handwerk in den letzten Jahren in ähnlichem Ausmaß von der Exportkonjunktur profitiert hat wie die gesamte deutsche Wirtschaft. In den zehn Jahren von 1994 bis 2004 haben sich die Exporte real etwa verdoppelt, während das Bruttoinlandsprodukt nur um gut 20 Prozent gestiegen ist.

Exportländer

Die Auslandsmärkte des Handwerks befinden sich überwiegend in den europäischen Nachbarländern. Der Grund hierfür liegt darin, dass handwerkliche Unternehmen im Auslandsgeschäft oft Dienstleistungen erbringen, für deren Absatz kleinere Entfernungen vorteilhaft sind. Dementsprechend liegt die Exportquote des Handwerks im grenznahen Raum insgesamt erheblich höher als die Quote im Binnenland. Daher dürfte sich der größte Teil des handwerklichen Auslandsengagements in Frankreich, den Niederlanden, Österreich und Luxemburg abspielen. Neben der gemeinsamen Grenze und den damit verbundenen relativ kurzen Entfernungen scheinen auch sprachliche und kulturelle Ähnlichkeiten mit diesen Ländern positive Auswirkungen auf die Auslandstätigkeit zu haben.

Auch die Staaten Südeuropas, insbesondere Italien und Spanien, haben in den letzten Jahren als Auslandsmarkt für die deutschen Handwerksbetriebe stark an Bedeutung gewonnen. Im Auslandsumsatz mit den EU-Beitrittsstaaten Mittel- und Osteuropas konnten seit dem EU-Beitritt in den letzten Jahren starke Impulse erzielt werden. Derzeit werden insbesondere Auslandsgeschäfte mit den Nachbarländern Polen und Tschechische Republik getätigt, wobei hier die passive Lohnveredelung infolge der erheblichen Lohnkostenunterschiede eine maßgebliche Bedeutung hat. Inzwischen bekommen diese Länder aber auch als Absatzmarkt ein immer größeres Gewicht.

Von den europäischen Staaten außerhalb der EU spielt als Absatzmarkt für deutsche handwerkliche Produkte und Leistungen die Schweiz die herausragende Rolle. Gründe hierfür sind die gemeinsame Grenze sowie sprachliche und kulturelle Gemeinsamkeiten. Auch die Lockerung der bislang sehr restriktiven Schweizer Bestimmungen insbesondere im Arbeitsrecht hat die Tätigkeit der deutschen Handwerksbetriebe in diesem Land sehr erleichtert.

Auch Handwerksbetriebe können Weltmarktführer sein: Dr. Jürgen Hoffmann und seine Firma Dramet aus Kleinmaischeid im Westerwald

Die Dominanz der europäischen Märkte bedeutet aber nicht, dass Handwerksbetriebe nicht auch weltweit tätig sind. Dies wird verständlich, wenn man bedenkt, dass sich viele exportierende Handwerksbetriebe auf Nischenmärkte spezialisiert haben und dass sie dort weltweit häufig nur wenig Konkurrenz haben. Beispiele für Handwerksbranchen, deren Unternehmungen Weltgeltung besitzen, sind neben den Zulieferern vor allem die Orgelbauer, Musikinstrumentenmacher, Chirurgiemechaniker (Herstellung von medizintechnischen Geräten), Fahrzeug- und Karosseriebauer (z. B. Sicherheitsfahrzeuge) und Bootsbauer (vor allem Sportboote).

Betriebsgrößenbezogene Betrachtung

Die meisten Auslandsgeschäfte im Handwerk werden sicherlich von den größeren Betrieben getätigt. Zu beachten ist jedoch, dass auch viele Kleinbetriebe jenseits der nationalen Grenzen tätig sind. Nach den allerdings schon etwas älteren Daten der Handwerkszählung hatten 50 Prozent der handwerklichen Exportbetriebe weniger als 10 Beschäftigte. Dies zeigt, dass grundsätzlich auch kleine Handwerksbetriebe ihre Chancen im Ausland wahrnehmen. Damals gaben sogar 665 Einpersonenbetriebe an, dass sie im Jahr 1994 Auslandsumsätze erzielt haben. Insgesamt tätigen diese Kleinstbetriebe mit weniger als 10 Beschäftigten jedoch nur 10 Prozent des handwerklichen Auslandsumsatzes. Im Wesentlichen konzentriert sich dieser schon auf die handwerklichen Großbetriebe. So wird über 50 Prozent des handwerklichen Auslandsumsatzes von Betrieben mit mehr als 50 Beschäftigten erwirtschaftet.

Typische Auslandsaktivitäten im Handwerk

Hohe Auslandsumsätze weist vor allem das produzierende Handwerk für den gewerblichen Bedarf (Investitionsgüterhersteller, Zulieferer) auf. In diesem Bereich wird der Export vor allem im Maschinenbau (Sonder- und Werkzeugmaschinen) und bei der Herstellung von elektrotechnischen Geräten und -einrichtungen sowie von medizintechnischen Geräten erzielt. Ein weiterer Exportschwerpunkt liegt beim produzierenden Handwerk für den speziellen Konsumbedarf. Hierzu zählen vor allem die Tischler (Herstellung von Möbeln). Aber auch die Musikinstrumentenmacher sind im starken Ausmaß international tätig.

Der Dienstleistungsbereich wird gerade für das Handwerk im Auslandsgeschäft immer wichtiger. Zu unterscheiden ist hier zwischen standortgebundenen und -ungebundenen Leistungen. Bei einer standortungebundenen Tätigkeit begibt sich der Handwerker zum Kunden. Beispiele hierfür liegen vor allem im Baugewerbe, aber auch bei Dienstleistungen für den gewerblichen Bedarf (zum Beispiel Gebäudereiniger). Hier ist die Entfernung primär durch die Exportkosten begrenzt; aber auch der Materialeinkauf und logistische Gesichtspunkte wirken sich hemmend auf größere Absatzentfernungen aus. Zu beachten ist, dass zwischen einer produzierenden Handwerkstätigkeit und standortungebundenen Dienstleistungen nicht immer eindeutig zu trennen ist, denn viele handwerkliche Produkte werden vor Ort montiert bzw. den örtlichen Gegebenheiten angepasst, wozu Mitarbeiter des herstellenden Betriebes ins Ausland reisen müssen. Ein Beispiel ist der Orgeleinbau vor Ort.

Bei den standortgebundenen Dienstleistungen kommt der Kunde zum Handwerker. Beispiele hierfür sind sämtliche Ladenhandwerke inklusive der Dienstleistungen für den privaten Bereich (z.B. Friseure). Das regionale Einzugsgebiet ist meist relativ eng begrenzt. Eine Internationalisierung geschieht in diesem Bereich in seltenen Fällen durch eine Filialisierung über die nationalen Grenzen hinaus. Erste Ansätze hierzu sind bei den Friseuren, den Augenoptikern oder den Gebäudereinigern zu finden. Darüber hinaus werden indirekt Auslandsgeschäfte getätigt, wenn Ausländer nach Deutschland kommen, um dort handwerkliche Produkte zu erstehen. Ein Beispiel hierfür ist der teilweise handwerklich geprägte Gebrauchtwagenmarkt. Dieser Markt hat gerade im Zuge der Integration der mittel- und osteuropäischen Staaten eine relativ große Bedeutung, die zukünftig jedoch wieder abnehmen dürfte. Ein weiteres Beispiel sind die Einkäufe von handwerklichen Produkten durch Touristen (handwerkliche Spezialitäten vor allem im Nahrungsmittelbereich und im Kunstgewerbe).

Gründe für ein handwerkliches Auslandsengagement

Bei den Gründen für die Auslandstätigkeit muss zwischen einer Exportwilligkeit und einer Exportfähigkeit unterschieden werden. Grundlage jeder Auslandstätigkeit ist sicherlich die Exportfähigkeit. Hier lassen sich folgende Gründe unterscheiden, wobei eine exakte Trennung nicht möglich ist:
- Nichtverfügbarkeit: Deutsche Handwerksprodukte stellen Güter oder Dienstleistungen her, die im Ausland nicht erhältlich sind
- Qualitätsunterschiede: Das Angebot der deutschen Handwerksbetriebe

hebt sich insbesondere in Bezug auf Qualität deutlich von demjenigen der Konkurrenz aus dem Ausland ab. Gründe hierfür liegen im technischen Fortschritt, bedingt durch eine hohe Wettbewerbsintensität im Inland, welche die Handwerker zur Innovation zwingt. Neben der Qualität sind aber auch noch korrespondierende Faktoren wie Flexibilität, Zuverlässigkeit, Termintreue und Anpassung an Kundenwünsche von erheblicher Bedeutung

- Nachfragepräferenzen: Nachfrager im Ausland präferieren deutsche Handwerksprodukte. Dabei spielt der Begriff „Made in Germany" sicherlich immer noch eine wichtige Rolle
- Preisunterschiede: Früher ging man allgemein davon aus, dass die deutschen Handwerksprodukte insbesondere wegen der hohen Lohnkosten in Deutschland teurer als diejenigen der ausländischen Konkurrenz sind. Inzwischen hat dieses Argument an Gewicht verloren. Auf einigen Nachbarmärkten, z.B. Luxemburg, Schweiz, Oberitalien, sind die deutschen Handwerksbetriebe inzwischen preislich durchaus konkurrenzfähig, wenn nicht überlegen.

Neben der Exportfähigkeit ist jedoch eine Exportwilligkeit zu beachten. Hierbei ist zwischen Push- und Pull-Faktoren zu unterscheiden. Zu den Pull-Faktoren zählt beispielsweise die Unternehmerpersönlichkeit. Häufig ist hier ein Generationswechsel in einem Unternehmen durchaus hilfreich, denn die junge Erbengeneration steht häufig einem internationalen Engagement aufgeschlossener gegenüber als die Elterngeneration.

Daneben müssen jedoch auch Push-Faktoren aufgeführt werden. Hier ist es vor allem die derzeit stagnierende Binnenmarktnachfrage in Deutschland, die viele Handwerksunternehmen veranlasst hat, ihre Chancen auf ausländischen Märkten zu suchen. Ein Beispiel hierfür sind die gegenwärtig guten Ausgangsgeschäfte des Handwerks in Luxemburg, die vor allem auf der dort nach wie vor expansiven Baukonjunktur basieren.

Eine wichtige Rolle spielt in diesem Kontext auch die Globalisierung. Märkte wachsen näher zusammen, regionale Netzwerke ver-

Qualität macht auch im Ausland bekannt: Der Gitarrenbauer Hahl aus Mudershausen im Taunus produziert für internationale Musik-Größen.

lieren an Bedeutung. Für die Handwerksbetriebe bedeutet dies, dass regionale Präferenzen, die etwa bei Ausschreibungen eine wichtige Rolle spielen, relativiert werden. Konkurrenten aus anderen Ländern kommen auf den heimischen Markt. Dieser Konkurrenz kann sich das Handwerk in großen Teilen nur erwehren, wenn es seinerseits versucht, überregional oder im Ausland Fuß zu fassen.

Ein wichtiger Punkt für eine Auslandstätigkeit liegt auch in einer engen Zusammenarbeit mit dem Abnehmer. Handwerksbetriebe gehen häufig im sog. Huckepackverfahren mit deutschen Firmen ins Ausland. Dieses findet Anwendung, wenn deutsche Unternehmen – dies können sowohl Industrie- oder Handelsbetriebe als auch Banken oder Versicherungen sein – Zweigniederlassungen im Ausland errichten und deutsche Handwerksbetriebe beispielsweise für den Innenausbau mitnehmen. Dies ist insbesondere bei sensiblen Arbeiten, die beispielsweise in der Elektrotechnik häufig vorkommen, der Fall.

Handwerksfirmen wie die IWL GmbH aus Ochtendung und Ransbach-Baumbach nutzen die Vorteile der Globalisierung und lassen teilweise im Ausland produzieren.

Einstieg in das Auslandsgeschäft

In der Theorie über die Internationalisierung von Unternehmen wird davon ausgegangen, dass Unternehmen ihr Auslandsengagement strategisch planen. Dies ist im Handwerk jedoch nur für einen kleineren Teil der Betriebe der Fall. In diesem Wirtschaftsbereich wurde durch Auswertung von Beratungsgesprächen und durch Betriebsbefragungen festgestellt, dass die Betriebe meist eher zufällig mit dem Thema Export in Berührung kommen und dann bei einer günstigen Gelegenheit ihre Chance ergreifen und erste Auslandsgeschäfte tätigen.

Diese günstige Gelegenheit tritt zum Beispiel dann auf, wenn ein ausländischer Kunde, der über Bekannte, Kollegen usw. von der Leistungsfähigkeit des deutschen Handwerkers gehört hat, an diesen herantritt. Dies ist insbesondere im grenznahen Raum der Fall. Dort kann öfter beobachtet werden, dass deutsche Kunden ihren Wohnsitz ins grenznahe Ausland legen und ihren heimischen Handwerker weiter beauftragen.

Häufig geschieht der Einstieg in das Auslandsgeschäft auch über deutsche Abnehmer. Entweder treten ausländische Interessenten über die Abnehmer an den deutschen Handwerker heran oder die Abnehmer vertreiben die Produkte und Leistungen des Handwerks mit im Ausland.

Eine wichtige Rolle beim Einstieg ins Auslandsgeschäft spielen die Handwerksorganisationen. Einige Handwerkskammern bieten Unternehmerreisen in wirtschaftlich interessante ausländische Regionen oder transnationale Firmentreffen (Kontakttage) an, um ihren exportfähigen Betrieben die Kontaktaufnahme zu ausländischen Partnern zu erleichtern.

Ein weiterer, Erfolg versprechender Ansatzpunkt für einen Einstieg in das Auslandsgeschäft stellt eine Beteiligung an einer internationalen Fachmesse im Ausland dar. Auch durch eine Teilnahme an einer internationalen Fachmesse im Inland können Exportaufträge zustande kommen, denn viele inländische Messen werden von einem breiten internationalen Fachpublikum besucht, da Deutschland im Messewesen führend ist. Erheblich erleichtert wird die Messebeteiligung, wenn die Teilnahme an einem Gemeinschaftsstand möglich ist.

Nachdem die Handwerksbetriebe ihre ersten Exporterfahrungen gemacht haben und dabei deutlich wurde, dass für ihr Angebot ein Nachfragepotenzial im Ausland vorhanden ist, integrieren sie die Auslandsmarktbearbeitung häufig in ihr absatzpolitisches Instrumentarium; sie wird dadurch Bestandteil der betrieblichen Planung. Einige Betriebe lassen es allerdings bei einem einmaligen Export bewenden oder warten ab, ob sich eine erneute Gelegenheit bietet, um international tätig zu werden.

Exportpotenzial

Dieses doch relativ sporadische Vorgehen der Handwerksbetriebe ist ein Indiz dafür, dass das Außenwirtschaftspotenzial im deutschen Handwerk längst noch nicht ausgeschöpft ist. Aber noch weitere Gründe sprechen dafür. Abgesehen davon, dass bei Unternehmensbefragungen stets ein nicht unbeträchtlicher Teil der Handwerksbetriebe angibt, grundsätzlich an Auslandsgeschäften interessiert zu sein, dürfte vor allem auf ein erhebliches Auslandspotenzial hindeuten, dass mit 8 bis 10 Prozent der Handwerksbetriebe relativ viele ihre Produkte und Leistungen bundesweit anbieten, da sie aufgrund von Spezialitäten oder besonderen Fähigkeiten und Kenntnissen aus dem Durchschnitt der Handwerksbetriebe herausragen. Angesichts der insgesamt hohen Qualität der deutschen Handwerksunternehmen dürfte dies auch im Vergleich zu Betrieben aus dem Ausland zutreffen, so dass diese Firmen auch jenseits der Grenze Wettbewerbsvorteile mit Absatzchancen haben dürften.

Gründe, weshalb die Handwerksbetriebe dieses Potenzial nicht ausschöpfen, liegen häufig in einer mentalen Barriere. Daneben berichten bereits im Ausland tätige Betriebe von Problemen, die mit rechtlichen und bürokratischen Hemmnissen zusammenhängen. Einen weiteren Faktor stellen Finanzierungsfragen, begrenzte personelle Ressourcen und Sprachbarrieren dar. Hier gilt es, einerseits darauf hinzuwirken, dass diese Barrieren abgebaut werden, und andererseits den Betrieben entsprechende Hilfestellungen zu geben, damit diese ihre Exportchancen wahrnehmen können.

Literatur

Fachverband Holz und Kunststoff Nordrhein-Westfalen (2000),
Die Auslandsaktivitäten im nordrhein-westfälischen Tischlerhandwerk,
Dortmund Juli 2000.

Landes-Gewerbeförderungsstelle des Nordrhein-Westfälischen Handwerks e.V.,
Handwerk Nordrhein-Westfalen. Weltmeister auf neuen Märkten.
Ideen, Infos, Fördertipps, Düsseldorf, o.J.

Klaus Müller, Neuere Erkenntnisse über das Auslandsengagement im Handwerk
(Göttinger Handwerkswirtschaftliche Arbeitshefte Nr. 37), Göttingen 1997.

Klaus Müller, Sicherung und Schaffung von Arbeitsplätzen im Handwerk durch
Auslandsaktivitäten (Göttinger Handwerkswirtschaftliche Arbeitshefte Nr. 45),
Göttingen 2001.

Thomas Ostendorf, Das Internationalisierungsverhalten von Handwerksbetrieben –
Entscheidungsprozesse und Strategien (Göttinger Handwerkswirtschaftliche
Studien, Bd. 54), Göttingen 1997.

Jörg Dieter Sauer, Das Exportverhalten von Handwerksbetrieben –
Erkenntnisse aus empirischen Untersuchungen in Niedersachsen
(Göttinger Handwerkswirtschaftliche Studien, Bd. 44), Göttingen 1991.

Zentralverband des Deutschen Handwerks (2000), Auslandsaktivitäten von
Handwerksbetrieben. Ergebnisse einer Umfrage bei Handwerksbetrieben
im I. Quartal 2000, Berlin 2000.

Das Restaurierungszentrum Dantschov's Haus in Plovdiv, Bulgarien

Rangel Tcholakov

Das Handwerk auf dem Balkan und die Handwerkskammer Koblenz

„Wenn man auf dem Balkan vom Handwerk spricht, sagen alle: Aha, Handwerkskammer Koblenz, Herr Wilbert". Dieser scherzhafte Kommentar fiel während eines Workshops im Februar 2005 in Bonn. Er hat einen wahren Kern.

Das Handwerk hat in allen Balkanländern eine alte und stabile Tradition. Seit dem Mittelalter gibt es ähnlich wie in Westeuropa Zünfte. Handwerker prägten das Leben der mittelalterlichen Siedlungen. Eine Zäsur dieser Entwicklung bildete die fünfhundertjährige osmanische Fremdherrschaft, die alle Länder in ihrer Entwicklung zurückwarf. Nach dem Erlangen der staatlichen Souveränität in der zweiten Hälfte des 19. bis in die ersten Jahre des 20. Jahrhunderts hinein begannen die Staaten auf dem Balkan, das Versäumte stürmisch aufzuholen, und orientierten sich vor allem an den Entwicklungen in den großen europäischen Staaten. Österreich-Ungarn und später Deutschland haben unter anderem sehr stark die Entwicklung des Handwerks geprägt – vom Aufbau von Handwerkskammern und Fachverbänden bis hin zur Ausbildung von jungen Menschen in Unternehmen. Lehrling – Geselle – Meister sind traditionelle Stufen der handwerklichen Ausbildung, auch in Südosteuropa.

Diese Entwicklung wurde durch die kommunistische Machtergreifung nach dem Zweiten Weltkrieg unterbrochen. Die Balkanstaaten gingen hier zwei Wege. Unter totalitären kommunistischen Regimen wie in Albanien, Bulgarien und Rumänien wurden Kammern, Verbände und andere private Organisationen der Wirtschaft vollständig aufgelöst. Privates Tun war verpönt. In Titos Jugoslawien hingegen blieben Teile der privaten Wirtschaft erhalten. Kleine handwerkliche Unternehmen bestanden weiter, wurden vom Staat nicht besonders gefördert aber geduldet. Auch die Handwerkerverbände blieben erhalten. In den Betrieben fand eine staatlich geregelte berufliche Ausbildung statt. Anfang der 1970er Jahre wurden per Direktive Wirtschaftskammern geschaffen, die alle Zweige der Wirtschaft vertreten sollten. Handwerkerverbände wurden in diese Kammern integriert. Sie führten ihre Arbeit unter dem Dach der Wirtschaftskammer weiter, waren aber in ihrem Handlungsspielraum sehr eingeschränkt.

Nach der Wende 1989 begannen die Reformstaaten, eine demokratische Gesellschaft und eine Marktwirtschaft aufzubauen. Dabei orientierten sie sich an unterschiedlichen Modellen. Die Anlehnung an die deutsche Erfahrung wurde als Rückkehr zur eigenen Tradition gesehen. Der Prozess des Aufbaus von Interessenvertretungen des Handwerks ist bis heute in keinem dieser Länder vollständig abgeschlossen. Auch die berufliche Qualifizierung befindet sich noch im Reformprozess.

Unter diesen Bedingungen engagiert sich die Handwerkskammer Koblenz über internationale Projekte seit 15 Jahren für die Unterstützung des handwerklichen Mittelstandes in Südosteuropa.

Ihr erstes Partnerschaftsprojekt mit Bulgarien begann 1992/1993. Die Ausgangssituation war modellhaft für das Erbe des Kommunismus und für die Besonderheiten der Region. Eine zentralistische wirtschaftliche Gesetzgebung wurde durch das Fehlen jeglichen gesetzgeberischen Konzeptes ersetzt, der Mittelstand existierte praktisch nicht. Eine unabhängige Interessenvertretung für wirtschaftliche Angelegenheiten musste erst aufgebaut werden, das gesamte Bildungssystem wurde einseitig vom Staat verwaltet, Handwerk war ein Begriff aus alten „idyllischen" Zeiten, die Menschen mussten allmählich zur Eigeninitiative kommen. Ebenso modellhaft hat sich auch jetzt, nach 15 Jahren, die Entwicklung der Partnerschaft des bulgarischen Handwerks und seiner Organisationen erwiesen.

Wenn man heute bulgarische Handwerker zur Gesetzgebung für das Handwerk fragt, sagen sie, es sei die Wiederaufnahme des im Jahr 1897 verabschiedeten „Gesetzes zur Regelung der Tätigkeit der Zünfte". Bereits dieses Gesetz nahm sich ein Beispiel an den Regelungen in Deutschland, Frankreich und Österreich-Ungarn. Das Gesetz wurde von der 9. Nationalversammlung im Jahr 1898 verabschiedet. Die darauf folgenden Gesetze über die handwerklichen Vereinigungen (1903), über die Organisation und Förderung des Handwerks (1910) bis hin zum Handwerksgesetz, welches bis zum Jahr 1948 in Kraft war, zeugen von der Rolle, die das Handwerk in der Wirtschaft Bulgariens gespielt hat.

Im Rahmen des Partnerschaftsprogramms der Handwerkskammer Koblenz in Bulgarien mit der Bulgarischen Wirtschaftskammer konnten die bulgarischen Handwerker in der Zeit nach 1992 von allen deutschen Erfahrungen im Bereich der handwerklichen Selbstverwaltung lernen. Ergebnis dieser Partnerschaft war die Gründung der Bulgarischen Handwerkskammer aus neun Nationalen Fachverbänden am 24. Februar 1998. Hauptanliegen dieser

Kammer war es, mit Hilfe der Handwerkskammer Koblenz das in der Vergangenheit in Bulgarien bekannte und funktionierende Modell der Selbstverwaltung des Handwerks wieder einzuführen. Gemeinsam wurde der Entwurf für das Handwerksgesetz ausgearbeitet und mit Handwerkern besprochen.

Am 12. April 2001 verabschiedete die 38. Nationalversammlung der Republik Bulgarien das Bulgarische Handwerksgesetz. Am 8. November 2002 wurde die erste regionale Handwerkskammer in Russe gegründet. Danach wurden Kammern in allen Bezirkszentren des Landes ins Leben gerufen. So kam es zum „historischen Datum", dem 14. Dezember 2002, als 20 regionale Handwerkskammern die Nationale Handwerkskammer zu ihrem Dachverband machten. Am 20. März 2003 waren bereits alle 25 regionalen Handwerkskammern in den 25 Bezirkszentren des Landes gegründet. Zehn nationale handwerkliche Fachverbände wurden Mitglieder der Nationalen Handwerkskammer. Heute sind in den regionalen Handwerkskammern etwa 10.400 Betriebe und über 18.000 Handwerksmeister registriert. Das bulgarische Handwerksgesetz hat damit als erstes einen Leerraum auf dem Balkan ausgefüllt. Die handwerkliche Tätigkeit wurde reglementiert und es wurden günstige Rahmenbedingungen geschaffen. Auch die Grundsätze der handwerklichen Ausbildung wurden festgelegt.

Sitzung des Beirates des Mittelstandsbüros unter Beteiligung des HwK-Hauptgeschäftsführers Karl-Jürgen Wilbert und des damaligen rheinland-pfälzischen Wirtschaftsministers Hans-Artur Bauckhage.

Die Handwerkskammer Koblenz hat ähnliche Prozesse in fast allen südosteuropäischen Staaten angestoßen. Ich darf stolz darauf sein, dass mein Land, Bulgarien, dabei eine führende Rolle spielt und in vielerlei Hinsicht als Beispiel für die anderen Balkanstaaten wirkt.

In Bosnien und Herzegowina wurden ebenfalls Handwerksgesetze, zuerst in der Republik Srpska – und Ende 2002 auch in der Föderation – auf den Weg gebracht. Im serbischen Teil gibt es bereits fünf regionale Handwerkskammern und eine Dachkammer. Auch in der Föderation wurden einige Kammern gegründet, darunter kurz vor Ende 2004 die Handwerkskammer in der Hauptstadt Sarajevo.

In unserem Nachbarland Mazedonien konnte mit Hilfe der Handwerkskammer Koblenz am 7. September 2004 das neue Handwerksgesetz verabschiedet werden. In der neuen Gesetzesfassung ist eine Pflichtmitgliedschaft vorgesehen. Die Handwerkskammern führen das Register der Unternehmen und haben eine Reihe von Hoheitsaufgaben im Bereich der beruflichen Qualifizierung. Bisher wurden zehn regionale Handwerkskammern gegründet. Die Gründung einer nationalen Dachkammer steht noch bevor.

In unserem nördlichen Nachbarland Rumänien hat sich eine andere Entwicklung ergeben. Die genossenschaftliche Form handwerklicher Unternehmen hat hier eine lange Geschichte. Der erste Partner der Handwerkskammer Koblenz ist der Nationale Genossenschaftsverband UCECOM. Neben UCECOM sind auch der Nationale Verband privater KMU sowie die Industrie- und Handelskammer Rumäniens Projektpartner. Der größte Erfolg des Projektes ist die Konsolidierung der Partner um einen Entwurf für ein Handwerksgesetz. Nach den letzten Wahlen versprechen sich die rumänischen Handwerker eine schnelle Verabschiedung. Das Projekt unterstützt UCECOM beim Aufbau moderner Strukturen und der Anpassung an die Anforderungen der Marktwirtschaft. Eine Besonderheit ist, dass über dieses Projekt auch die benachbarte Republik Moldau von der Handwerkskammer Koblenz unterstützt wird.

Das Restaurierungszentrum Dantschov's Haus im bulgarischen Plovdiv wurde durch die Handwerkskammer Koblenz und die Stadt Plovdiv errichtet ...

Interessant entwickelt sich auch die Teilrepublik Montenegro. Handwerkliche Strukturen im europäischen Sinn des Wortes gibt es kaum. Bisher konnten mit Unterstützung des Projektes der Handwerkskammer Koblenz mehrere neue Fachverbände gegründet werden, so ein Bäckerverband, ein Konditorenverband, ein Fotografenverband und ein Baufachverband. Erste Anstrengungen für die Zusammenführung der Fachverbände zu einer nationalen Organisation versprechen Erfolg. Das Referendum über die Trennung von Serbien und Montenegro wird möglicherweise neue Projektschwerpunkte aufzeichnen.

Im Jahr 2001 hat die Handwerkskammer Koblenz begonnen, verstärkt regionale Maßnahmen zu betreuen, um auf diese Weise die Aktivitäten in den Projektländern zu vernetzen und Synergien zu erreichen. Mit Sitz in Sofia wurde am 16. Mai 2001 das Mittelstandsbüro Balkan gegründet, das den Informationsaustausch zwischen den handwerklichen Organisationen unterstützt und regional relevante Maßnahmen abstimmt und plant. Am 31. August 2001 wurde ein Beirat gegründet, dem Vertreter aller Partnerorganisationen angehören. Es wurde ein Memorandum unterzeichnet, das die Zusammenarbeit regelt.

An dem Mittelstandsbüro Balkan beteiligen sich heute 14 Organisationen aus Albanien, Bosnien und Herzegowina, Bulgarien, dem Kosovo, Mazedonien, der Republik Moldau, der Teilrepublik Montenegro und Rumänien.

… mit der finanziellen Unterstützung der Bundesrepublik Deutschland über die Stiftung für wirtschaftliche Entwicklung und berufliche Qualifizierung (SEQUA).

Besonders für das bulgarische Handwerk aber auch für die gesamte Wirtschaft und Politik ist der Umstand, dass das Mittelstandsbüro Balkan seinen Sitz in Sofia hat, eine große Chance und zugleich eine Herausforderung. Wir wollen über das Mittelstandsbüro Balkan einen Beitrag für die handwerkliche Solidarität auf dem Balkan, für den wirtschaftlichen Aufschwung und für die Konkurrenzfähigkeit handwerklicher Betriebe in Südosteuropa leisten.

Die einzelnen Projekte mit der Handwerkskammer Koblenz werden zu Ende gehen. Die entstandenen Kontakte und die Kooperation bleiben. Meine Vision ist, dass wir, die Handwerksorganisationen auf dem Balkan, bald schon auf gleicher Augenhöhe mit unserem Lehrer, Partner und Freund – der Handwerkskammer Koblenz – viele gemeinsame Schritte konzipieren und erfolgreich durchführen.

Stollenbäcker Kütscher mit
seinem „Moselschiefer-Stollen"

Bernd Kütscher

Eifel-Stollen in aller Munde
Erfolgsrezept: solides Handwerk und modernes Marketing

Das Backen von Christstollen hat eine lange Tradition in Deutschland, die bis ins 11. Jahrhundert belegt werden kann. Früher war der Stollen jedoch ein sehr mageres Gebäck für das katholische Adventsfasten. Es durfte nur aus Wasser, Hafer und Rübenöl hergestellt werden. Anno 1647 erlaubte der Papst höchst selbst, Butter statt des meist tranigen Rübenöls verwenden zu dürfen. Kurz darauf kam der Torgauer Hofpatissier Heinrich Drasdo auf die Idee, nach der Fastenzeit aus dem Fastengebäck ein Festgebäck zu kreieren, indem er es mit viel guter Butter sowie kandierten Früchten wie z.B. Rosinen verfeinerte. Der „Drasdoer Stollen" wurde berühmt und nach dem Tod des Patissiers von den Bäckern der sächsischen Hauptstadt kurzerhand zum „Dresdner Stollen" umgetauft. Ein kluger Schachzug, gilt dieser doch heute als das Original. Historisch gesehen stimmt dies nicht, denn die Bäcker der Elbestadt haben ihre Stollen zuvor stets „Striezel" genannt. Der Striezelmarkt in Dresden gehört zu den ältesten Weihnachtsmärkten Deutschlands. Doch erst ein Bäcker außerhalb Sachsens, in der weit entfernten Eifel, verschaffte dem alten Gebäck in jüngster Zeit neuen Glanz.

Die Erfolgsgeschichte begann 1998 mit einer Kundenumfrage in einer kleinen Bäckerei in Mendig. Dort stellte sich heraus, dass viele Kunden wegen des enthaltenen Zitronats keine Stollen mögen. Die Anmerkungen wurden ernst genommen und Rezepte ohne die verhassten Zutaten entwickelt. Die Rezepte gewannen auf Anhieb den ersten Preis des Deutschen Stollenbäcker-Wettbewerbs in Leipzig. Es blieb nicht die einzige Anerkennung, denn alleine dieser Erfolg konnte noch drei Mal wiederholt werden. Hinzu kamen zahlreiche weitere Auszeichnungen, zuletzt der Marketingpreis des Deutschen Handwerks 2005.

Weil das Einzugsgebiet der Bäckerei begrenzt war, wurden Stollen seit 2001 auch per Internet angeboten. Damit war die besondere Qualität des Gebäcks plötzlich weltweit zu erwerben. Unter www.stollenbaecker.de ordern seitdem Haushalte in aller Welt, meist Deutschstämmige. In Deutschland war selbst der damalige Bundespräsident Dr. Johannes Rau bekennender Fan des Eifel-Stollens. Doch auch große Unternehmen wie Wempe Juweliere in London, die Deutsche Post, das Modehaus Walbusch oder Daimler Chrysler wurden auf die Qualitätsstollen aufmerksam und orderten große Mengen für ihre

Kunden. Die Folge: Kütscher's Backstube wurde für das Stollengeschäft sehr schnell zu klein. Da die Stollensaison kurz ist, kam eine große Investition hierfür nicht in Frage. Kurzerhand marschierte der junge Bäckermeister im Jahr 2002 zu seinem Kollegen Achim Lohner, Chef der gleichnamigen Bäckerei mit großer Backstube in Polch und inzwischen 85 Filialen. Dieser erkannte die besondere Qualität und man einigte sich schnell – eine Kooperation, die bis heute funktioniert.

Alle Stollen werden nach wie vor handgeformt, doch die riesigen Öfen der Bäckerei Lohner ermöglichen, der Nachfrage gerecht zu werden: die Produktion stieg in nur sechs Jahren von 30 auf etwa 55.000 Stück pro Saison. Heute werden die bekannten und vielfach prämierten Stollenbäcker-Traditionsstollen von der Bäckerei Lohner in Lizenz gebacken und verkauft. Die Traditionsstollen – so der Name des Bestsellers – werden sogar nach Japan und in die Antarktis geschickt. Eine Forschungsstation am Südpol bestellt seit Jahren per Internet. Zusätzliche Vertriebswege erschließen den amerikanischen Markt. In Virginia/USA backt die Großbäckerei Scheeren den Stollen „from Germany's most distinguished stollenbaker" für amerikanische Edel-Feinkostmärkte in Lizenz.

Kunden in Japan

Immer wieder werden in der Stollenbäckerei Kütscher neue Varianten des köstlichen Weihnachtsgebäcks entwickelt. Zu den interessantesten zählt wohl der „Moselschiefer-Stollen": ein Backwerk, das in limitierter Stückzahl in einem Schieferbergwerk 160 Meter unter Tage reift. Der „Stollen aus dem Stollen" wird edel in Holz und Schiefer verpackt und gilt als exklusives Premium-Präsent für gehobene Ansprüche. Innovativ stellt sich heute auch die Internetseite (www.stollenbaecker.de) dar, die mit dem Internetpreis des Deutschen Handwerks prämiert wurde. Der Nutzer findet dort nicht nur Rezepte zum selber backen, sondern auch eine beeindruckende Stollen-Weltkarte, einen animierten Stollenbäcker-Bildschirmschoner sowie ein witziges Spiel, bei dem man Rosinen in einen Stollen (und dem Bäcker die Mütze vom Kopf) schießen kann.

So ist es dem unermüdlichen und innovativen Engagement eines jungen Bäckerteams zu verdanken, dass ein Produkt der Region weltweit Akzeptanz findet. Ob als Stollentester für BILD, vor laufenden Kameras bei der Eröffnung des Kölner Weihnachtsmarktes, in Fernsehsendungen mit Johann Lafer oder sogar auf einer Lebensmittelmesse in Dubai: Der Stollenbäcker bringt sein Produkt sprichwörtlich „in aller Munde".

Per Internet bestellt:
der Stollen am Südpol

Entwicklung eines umweltfreundlichen Salzglasurverfahrens: Schale von Elisabeth Dietz-Bläsner, Töpferhof Mühlendyck, Höhr-Grenzhausen, 2005

Friedhelm Fischer

Handwerk und technologische Entwicklung

Durch Forschungskooperationen die Innovations- und Wettbewerbsfähigkeit verbessern

Ein rohstoffarmes Land wie Deutschland lebt von dem, was in den Köpfen der Menschen entsteht. Betrachtet man die technische Evolution, so vollzieht sich die Entwicklung mit immer größer werdender Geschwindigkeit. In den letzten einhundert Jahren wurden mehr wissenschaftliche Erkenntnisse gesammelt und letztlich in Form von neuen Technologien umgesetzt als jemals zuvor. Die Halbwertszeit des modernen Wissens wird heute auf zwei bis fünf Jahre geschätzt. Das bedeutet, dass nach dieser Zeit die Hälfte des Wissens veraltet ist.

Einer der Gründe für die zunehmende Tendenz bei der Entwicklung neuer Technologien ist die problemlose Zugriffsmöglichkeit auf das gesammelte Wissen und die Erfahrungen aus Vergangenheit und Gegenwart durch drastische Veränderungen im Kommunikations- und Informationssektor. Daraus folgt eine zunehmende Internationalisierung und Globalisierung in Wirtschaft und Forschung.

Die technologische Entwicklung im Handwerk vollzog sich analog zur allgemeinen Entwicklung. Ausgehend von den Merkmalen der handwerklichen Tätigkeiten wie individuelle Problemlösungen, Kundennähe und Flexibilität, gepaart mit der besonderen handwerklichen Qualifikation, ist die Arbeitswelt dabei von einer kaum vorstellbaren Vielseitigkeit geprägt: von der Handarbeit bis zur Anwendung hochkomplizierter Techniken, von der individuellen Dienstleistung bis zum Zulieferanten für die Weltraumforschung. Handwerkliches Können und eine scheinbar unerschöpfliche Kreativität, gepaart mit moderner Technik, führen immer wieder zu innovativen Lösungen. Die Nahrung hierzu findet das Handwerk aus seinen Traditionen heraus und aus der hieraus folgenden positiven Einstellung zum technischen Fortschritt und zur Mitverantwortung.

Innovation und Innovationsfähigkeit sind die Schlüsselfaktoren für die Wettbewerbs- und Zukunftsfähigkeit von Handwerksbetrieben angesichts immer kürzer werdender Zeiträume zwischen technischen Neuerungen und Marktverhältnissen. Die Rolle der Innovationen ist vielschichtig. Innovativ sein bedeutet, langfristige Marktentwicklungen zu erkennen, technische und wirtschaftliche

Informationen gezielt zu sammeln und hieraus strategische Unternehmenskonzepte zu entwickeln und umzusetzen und die Bereitschaft und Fähigkeit, eigenständig zu forschen und Forschungsergebnisse und Erfindungen bis zur Marktreife weiterzuentwickeln. Innovation bedeutet aber auch organisatorische Kompetenz, Risikobereitschaft, die Fähigkeit zur Kooperation und setzt voraus, die im Unternehmen vorhandenen Humanressourcen in den Wandel und die Innovationsaktivitäten mit einzubinden.

Mit Innovationen können sich Unternehmer mehr als nur einen Wettbewerbsvorsprung sichern. Sie erschließen oftmals neue Marktchancen durch kreative Produkte, Patente oder durch ein höheres Maß an Kundenorientierung aufgrund einer verbesserten Leistungserstellung. Oder sie setzen bereits vorhandene, für das Handwerk noch neue Technologien wie C- (CAD, CNC, CAM), Laser-, Automatisierungs-, Optische, Nano- und Kommunikationstechniken und neue Werkstoffe in innovative Produkte oder Verfahrens- und Prozessinnovationen um. Innovationspotenziale besitzen Betriebe nahezu aller Gewerke.

Ob Entwicklung windkraftbetriebener Meerwasserentsalzungsanlagen, Fernwartung von Maschinen und Anlagen, Entwicklung von „schlüsselfertigen" Altholz- und Spanplatten-Recyclinganlagen, Integration und Anpassung einer Sprachsteuerung zur Bedienung von Holzverarbeitungsmaschinen oder Entwicklung vollautomatischer Holzverstromungsanlagen – das Betätigungsfeld handwerkspezifischer Forschung und Entwicklung ist vielschichtig.

Innovationen basieren auf systematischer Erfassung, Auswertung und Bewertung von Wissen. Sie bauen auf Umsetzung in Techniken, Verfahren und Materialien und auf deren Anwendung aufgrund von Kenntnissen, Kompetenzen und Erfahrungen in Unternehmen. Die Hochschulen und die Technologiezentren der HwK Koblenz können für diesen Innovationsprozess als „Anbieter" neuen Wissens bis hin zur Vorbereitung für Technik- und Produktentwicklungen eine wesentliche Rolle spielen.

Starke, in die Zukunft orientierte Betriebe pflegen oft eine enge Kooperation mit anderen Betrieben, um im Verbund wertvolle Synergieeffekte zu nutzen und Leistungen zu erbringen, die alleine nicht möglich sind, wie etwa Komplettleistungen im Gebäudemanagement oder bei projektbezogenen handwerklichen Bieter- und Arbeitsgemeinschaften (Arge).

Zahlreiche Handwerksunternehmen – insbesondere wenn sie Speziallösungen anbieten oder im Produkt- und Dienstleistungsangebot Alleinstellungsmerkmale (Alleinbieter oder Marktführer) aufweisen – pflegen auch eine enge Zusammenarbeit mit Hochschulen und Forschungseinrichtungen. Damit gleichen die Betriebe vor allem ihre strukturellen und betriebsgrößenbedingten Nachteile aus: Sie können nicht auf eigene Forschungs- und Entwicklungsabteilungen zurückgreifen. Durch enge Kommunikations- und Kooperationsbeziehungen zwischen den Forschungsinstitutionen als Wissensproduzenten und den Betrieben als Wissensanwender fällt damit den kleinen und mittleren Handwerksunternehmen eine anerkannt wichtige Rolle im Innovationsgeschehen und damit eine Verbesserung der Wertschöpfung im Wirtschaftsgefüge zu. Die Kooperation mit der Wissenschaft muss sich dabei nicht auf technische Aspekte beschränken. Immer mehr Handwerksunternehmen nutzen Impulse und Unterstützung aus der Forschung in betriebswirtschaftlichen Fragen, wie zum Beispiel Marketing.

Als Schnittstelle zu Forschungsstellen und als Initiator und Begleiter von Forschungskooperationen fungiert häufig auch die Handwerkskammer. Durch ihre aktive Zusammenarbeit mit Partnern aus Wissenschaft und Forschung oder auch anderen Wirtschaftsbereichen verfügt die Handwerkskammer Koblenz mit ihren Technik- und Kompetenzzentren über eine Vielzahl von Angeboten zur Erschließung neuer Zukunftsfelder und Marktchancen. Durch ihre Funktion als „Teil" der Wirtschaftsstruktur und damit Kenner der Bedürfnisse der kleinen und mittleren Unternehmen steht sie in einem unmittelbaren und besonders intensiven Kontakt zu den mittelständischen Unternehmen des Handwerks und unterstützt bei der Nachfrage von Wissen und Kompetenzen, von Techniken und Verfahren, von Produktinnovationen und Unternehmenskonzepten, von Markt- und Technikabschätzungen und von notwendigen Schutzrechten. Demonstration und Beratung zählen ebenso zu den Leistungen der Handwerkskammer wie das Bereitstellen attraktiver Angebote in der Aus-, Fort- und Weiterbildung zur Sicherstellung des hohen Bildungs- und Kompetenzniveaus der Unternehmer und Mitarbeiter. Die Technologiezentren sind aber auch Vordenker im Bereich der technologischen Entwicklung, deren Anwendbarkeit und Übertragbarkeit auf kleinbetriebliche Strukturen und bereiten das Wissen für die Betriebe auf. Sie stimulieren hiermit Prototypen und innovative Anwendungen und führen hin zum Einsatz von jungen Technologien.

Letztendlich profitieren aber nicht nur die Betriebe und die Handwerkskammer von dem gezielten Wissenstransfer aus Hochschule und Forschung. Der wechselseitige Dialog über zentrale Zukunftsfragen des Handwerks und damit der mittelständischen Wirtschaft regt an, neue Potenziale auf beiden Seiten zu erschließen; er gibt auch Hinweise für eine wirtschaftsnahe Ausrichtung der Forschungsschwerpunkte und Impulse für weitere Forschungsaktivitäten.

Die folgenden Beispiele geben einen kleinen Einblick in die Vielfalt an Forschungskooperationen im Handwerk. Sie erheben keinen Anspruch auf Ausgewogenheit, sie stehen lediglich stellvertretend für eine Vielzahl von Aktivitäten, in denen sich Handwerksunternehmen unterschiedlicher Größenordnung und Ausrichtung bewegen. Hierbei existieren Kooperationen, die sich zeitlich auf ein konkretes Projekt zur Lösung einer definierten Aufgabenstellung beschränken oder auch langfristige Strategien, die auf eine Zusammenarbeit über viele Jahre hinweg ausgelegt sind. Die Darstellung ist knapp und begrenzt sich auf wesentliche Aspekte.

Die **Firma Munsch**, ein mittelständisches Unternehmen mit etwa 95 Mitarbeitern, hervorgegangen aus dem Feinwerkmechanikerhandwerk, hat sich weltweit in der Entwicklung und Herstellung von Kunststoffpumpen für aggressive Medien und Hand-Schweiß-Extruder (Kunststoff-Schweißtechnik) für den Behälter- und Deponiebau einen Namen gemacht. Um mit einem sehr hohen Exportanteil auf dem Weltmarkt bestehen zu können, müssen die Produkte auf hohem technischem Niveau hergestellt werden, dem neuesten Stand der Technik entsprechen und ein hohes Maß von Betriebssicherheit gewährleisten.

Darstellung der Druck- und Strömungsverteilung in dem Laufrad einer Pumpe

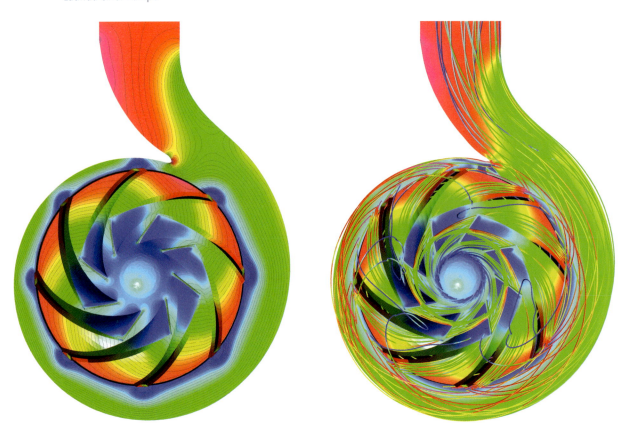

Um diesen Anforderungen gerecht zu werden, muss das Unternehmen in den Bereichen Forschung und Entwicklung, technische Ausstattung, Produktionsprozesse, Qualität und Personalqualifikation eine Spitzenposition besetzen. Dabei nimmt vor dem Hintergrund des schnellen technischen Wandels und immer kürzerer Zyklen der Neu- und Weiterentwicklung die Zusammenarbeit mit Hochschulen und Forschungseinrichtungen einen hohen Stellenwert ein. Hierzu hat die Firma Munsch ein Netzwerk aufgebaut, das durch seinen interdisziplinären Aufbau seinerseits auch wieder Synergieeffekte freisetzt.

Die Zusammenarbeit erstreckt sich hierbei von Themen der Grundlagenforschung, numerischer Strömungsberechnung und Geräuschentwicklung (Technische Universität München, Universität Hamburg Harburg, Forschungsfond Pumpen) über Mess- und Prüfuntersuchungen an Pumpen (Technische Universität Kaiserslautern, Technische Universität Darmstadt) bis hin zu Fragen der Kunststoffverarbeitung (Fachhochschule Kaiserslautern, Standort Pirmasens, Fachhochschule Koblenz, Standort Remagen). Neben gemeinsamen Forschungsthemen, Forschungsaufträgen und dem Erfahrungsaustausch besteht dabei für Studenten auch die Möglichkeit, über Studien- und Diplomarbeiten spezifische Betriebsthemen zu bearbeiten und sich dabei mit der Arbeitsweise eines erfolgreichen mittelständischen Unternehmens vertraut zu machen. Zusammen mit dem Engagement in der Aus- und Weiterbildung der Mitarbeiter leistet das Unternehmen hiermit einen aktiven Beitrag zur Sicherung des Standorts Deutschland.

Die **Firma Herz** ist ein Unternehmen mit etwa 25 Mitarbeitern aus dem Elektrotechniker-Handwerk und beschäftigt sich unter anderem mit der Entwicklung von Sondermaschinen für das Schweißen und Prüfen von Kunststoffen.

Konventioneller Schweißkeil aus Metall (links), neuer Keramikschweißkeil (rechts)

Verschweißen von Deponiebahnen mit dem neuen Keramikschweißkeil

Sie ist international tätig und besitzt Niederlassungen in verschiedenen Ländern wie Österreich, Polen, Ungarn und Bulgarien. Unterstützt durch die HwK Koblenz entwickelte das Forschungsinstitut für Anorganische Werkstoffe Glas/Keramik GmbH aus Höhr-Grenzhausen zusammen mit der Firma Herz erstmals einen keramischen Schweißkeil zum Verschweissen von Kunststoffbahnen zum Abdichten von Deponien oder Tunnelbauten. Gegenüber metallischen Schweißkeilen sind sie vielseitiger für unterschiedliche Kunststoffe einsetzbar (unterschiedliche Kunststoffe verlangen unterschiedliche metallische Keile) und unterliegen deutlich weniger chemischer Korrosion und Abrieb. Dies führt neben einer höheren Haltbarkeit vor allem zu einer Senkung der Betriebskosten durch höhere Schweißgeschwindigkeiten und Reduzierung der sonst häufig erforderlichen Umrüstzeiten. Das Projekt erhielt im Jahre 2005 innerhalb des Wettbewerbs um den Innovationspreis des Landes Rheinland-Pfalz den Sonderpreis in der Kategorie „Kooperation Wissenschaft/Wirtschaft". Der keramische Heizkeil wurde als „Weltneuheit" patentiert.

Dieses Projekt macht darüber hinaus deutlich, dass Keramik mittlerweile in der Technik als alternativer Werkstoff in Problembereichen interessant wird. Weiterhin ist das neue Produkt ein positives Beispiel für die Weiterentwicklung des Traditionsstandortes „Kannebäckerland".

Neben diesem Beispiel arbeitet die Firma Herz bei der Untersuchung zur Schweißbarkeit von Kunststoffen mit neuen Fertigungsverfahren sowie von neuen Prüfungsverfahren zur Beurteilung der Schweißnahtgüte intensiv mit den Fachhochschulen Kaiserslautern (Standort Pirmasens) und Koblenz (Standort Remagen) zusammen.

Ebenfalls in Zusammenarbeit mit dem Forschungsinstitut für Anorganische Werkstoffe Glas/Keramik aus Höhr-Grenzhausen entwickelte der Keramikbetrieb **Töpferhof Mühlendyck** (5 Mitarbeiter) ein neuartiges umweltfreundliches Salzglasurverfahren.

Umweltfreundliches Salzglasurverfahren: Schale von Elisabeth Dietz-Bläsner, Töpferhof Mühlendyck, Höhr-Grenzhausen, 2005

Die hiernach entstehende Glasur unterscheidet sich weder hinsichtlich der chemisch-physikalischen Eigenschaften noch hinsichtlich der Optik und dem Farbenspiel von den traditionell salzglasierten Produkten. Der große Vorteil liegt in der Vermeidung der schadstoffhaltigen Brennabgase (Chloremissionen). Das Projekt ist damit ein aktiver Beitrag zum Umwelt- und Arbeitsschutz. Das Verfahren befindet sich zur Zeit in der Optimierungsphase. Die erfolgreiche Forschungskooperation wurde im Jahre 2000 mit dem Innovationspreis des Landes Rheinland-Pfalz ausgezeichnet.

Die **Firma TE-KO-WE**, ein Maschinenbau-Unternehmen mit etwa 25 Mitarbeitern, beschäftigt sich mit Fragen des Verschleißschutzes und ist Spezialist für die Lösung anspruchsvoller tribologischer Aufgaben (die Tribologie umfasst die Teilgebiete Reibung, Verschleiß und Schmierung). Beispielsweise gehört auch die Entwicklung und Produktion von verschleißarmen Schneidmessern für die Druckindustrie (Papierindustrie) zum Aufgabenspektrum des Unternehmens. Da die Firma TE-KO-WE auch über langjährige Erfahrungen in der Entwicklung und dem Bau von verschleißarmen Bauteilen aus Keramik verfügt, war sie der richtige Partner in einer Verbund-Forschungskooperation, in der Keramikhersteller, Hartbearbeiter und Forschungsinstitute wie das Institut für Struktur- und Funktionskeramik an

der Montanuniversität in Leoben, Österreich, und das Fraunhofer-Institut für Werkstofftechnik in Freiburg eng zusammenarbeiteten.

Die Ausgangssituation: Zur Herstellung von Drähten dienen traditionell Walzen aus Hartmetall. Das Vormaterial aus hochlegiertem Stahl oder einer Superlegierung wird zwischen Walzenpaaren mit einer rundlichen Ausnehmung so lange hin und her gewalzt, bis der Draht im gewünschten Durchmesser vorliegt. Durch die kombinierte thermische und mechanische Beanspruchung werden bei den Hartmetall-Walzen die Oberflächen beschädigt und es kommt zwangsläufig zum Verschleiß.

Verschiedene Keramikwalzen

Keramikwalzen im Einsatz (Walzstraße)

Ziel des Projektes war es, durch den Einsatz keramischer Werkstoffe (Siliziumnitrid-Keramik anstelle von Hartmetall) die Standzeit der Werkzeuge (Walzen) deutlich zu verbessern und so die Produktionskosten erheblich zu senken.

Dabei übernahm der „Verschleißschutz-Spezialist" TE-KO-WE die überaus heikle Oberflächenbearbeitung der Keramik-Walzen. Heikel deshalb, weil das Schleifen für das Projekt ein entscheidender Schritt war. Falsches Bearbeiten hätte Risse in die Walzen-Oberfläche eingebracht und somit die Festigkeit des Bauteiles erheblich vermindert.

Heute laufen die ersten Keramik-Walzen bei Böhler Edelstahlwerke Kapfenberg in Österreich, und Timken, USA. Die Serienproduktion ist erfolgreich angelaufen.

Die **Firma R & W**, ein Maschinenbauunternehmen mit etwa 25 Mitarbeitern, beschäftigt sich vor allem mit dem Bau und der Entwicklung von Laborgeräten. Im Auftrag des Deutschen Forschungszentrum für Künstliche Intelligenz (DFKI) und der Universität Bremen fertigt das Remagener Handwerksunternehmen

Vorbild des Marsroboters ist der Skorpion

Bauteile für zwei Mobilroboter für zukünftige Marsmissionen. Dabei wird für spätere Marsexpeditionen zunächst Grundlagenforschung betrieben. Die Entwicklung der Roboter wird durch die ESA (European Space Agency), das DLR (Deutsches Zentrum für Luft- und Raumfahrt) und die NASA gefördert.

Als Vorbild für das mechanische Design des Marsroboters „Scorpion" dient die Natur, und zwar wird die Bewegungsfähigkeit nicht wie bei anderen Konzepten mit Rädern oder Ketten realisiert, sondern mit acht Beinen. Hierbei orientiert sich die Beinkoordination und -kontrolle am biologischen Vorbild der sechs- bis achtfüßigen wirbellosen Tiere und speziell im vorliegenden Fall am achtbeinigen Skorpion (siehe Bild).

Für die praktische Umsetzung der theoretischen Simulationen griff man auf die Fähigkeiten der Remagener Handwerker zurück. Die Anforderungen: Leicht muss es sein, hochstabil, bei minus 150°C wie auch bei plus 100°C arbeiten. Vollgestopft mit Elektronik, Sensorik, Motoren und schweren Batterien soll es den Mars erkunden, in tiefe Krater absteigen und Felsformationen überwinden. Eines ist sicher: Sollte der Scorpion wirklich eines Tages zum Mars fliegen, haben die Wissenschaftler und Handwerker nur einen Versuch. Damit nach der über 46 Millionen Kilometer langen Reise alles gut geht, muss die Arbeit eines Jahrzehntes von einer Sekunde zur anderen funktionieren.

FSM steht für **Facility Services Maintenance**, ein Maler- und Lackierer-Betrieb mit etwa 50 Mitarbeitern.

Das hat schon viele Hausbesitzer genervt: Wird ihr Haus neu gestrichen, landet die Farbe beim Spritzen oft nicht nur an der Fassade, sondern auch auf dem Gehweg und auf angrenzenden Häusern. Grund dafür ist ein Nebel aus feinen Farbpartikeln, den jeder Luftzug in der Umgebung verteilt. Auch Michael Heil, gelernter Maler und Betriebswirt, ärgerte sich jahrelang über den unerwünschten Nebeneffekt: „Dieser sogenannte Overspray hat den eigentlich effizienten Einsatz von Spritzpistolen verhindert." Den richtigen Partner fand Heil rein zufällig bei einer technischen Ausstellung an der Universität Kaiserslautern: Er sah am Stand des Fraunhofer-Instituts für Techno- und Wirtschaftsmathematik (ITWM) Bilder von Tröpfchen, mit deren Zerstäubungsverhalten sich Naturwissenschaftler beschäftigt hatten. Der Unternehmer erfasste den Zusammenhang zwischen Tröpfchen-Konsistenz und Sprühnebel, knüpfte erste Kontakte zum ITWM in Kaiserslautern und stieß ein Projekt an, das mit einem Patent und einer Revolution im Malerhandwerk enden sollte.

Für das Thema sensibilisiert, holte das Fraunhofer ITWM noch das Fraunhofer-Institut für Produktionstechnik und Automatisierung (IPA) in Stuttgart mit ins Boot, das mittels Lasermessungen detailliert das Flugverhalten von Farbtröpfchen analysierte. Auf Basis dieser Ergebnisse berechnete das Fraunhofer ITWM, wie sich der Overspray verhindern ließe. Aus der theoretischen Anforderung entwickelten die Experten des Spritzgeräte-Produzenten Wagner und des Farbenherstellers Caparol ein Sprühsystem, abgestimmt auf die besonderen Merkmale einer neuen Farbkonsistenz. In Verbindung mit der Spezialfarbe sorgt das Sprühgerät mit Vorwärmvorrichtung und Doppeldüse dafür, dass die Tröpfchen größer werden und so auch bei Wind auf der Fassade statt in der Nachbarschaft landen. Die Innovation wurde patentiert und wird inzwischen als „Nespri-Tec" verkauft.

Die erfolgreiche Kooperation der Firma FSM! GmbH und Fraunhofer ITWM erhielt im Jahre 2004 den Innovationspreis des Landes Rheinland-Pfalz und im gleichen Jahr den „Professor-Adalbert-Seifritz-Preis für Technologietransfer". 2005 wurde das System mit dem Bundespreis für Innovationen prämiert.

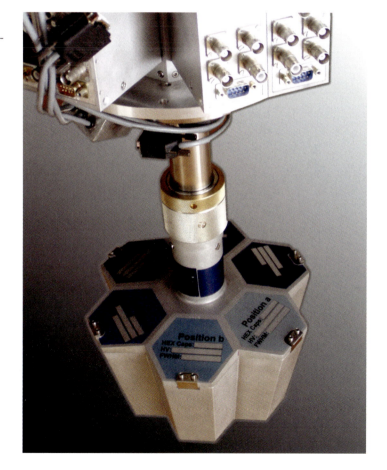

Euroball Clusterdetektor: Kryostat und Elektronik zum Betrieb von sieben HpGe-Detektoren, wie er in den Forschungsprojekten EUROBALL und RISING zum Einsatz kommen

Dr. Heinz Georg Thomas (Doktor der Kernphysik) befasst sich mit Entwicklung, Konstruktion und Fertigung von Messgeräten zum Nachweis von radioaktiver Strahlung. Er ist mit Leib und Seele Wissenschaftler, sein Herz schlägt für die Forschung. Dabei ist er bodenständig geblieben, nicht nur Theoretiker, sondern auch Handwerker.

Bevor er sich im Frühjahr 1999 selbständig machte, arbeitete er als wissenschaftlicher Mitarbeiter am Institut für Kernphysik der Universität zu Köln. In den dort gesammelten Erfahrungen sieht er die Basis für seine Existenzgründung. „Jetzt bin ich frei in meinen Entscheidungen und mein eigener Chef und habe mehr Möglichkeiten bei meiner Tätigkeit", begründet er diesen Schritt. Parallelen zu jungen Handwerksmeistern mit ähnlichen Motiven für die Selbständigkeit sind erkennbar.

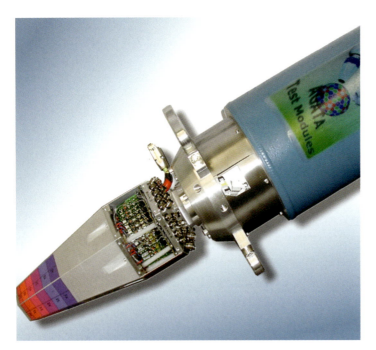

AGATA Testkryostat: Kryostat und Elektronik zum Betrieb der hochsegmentierten HpGe-Detektoren, wie sie aktuell im europäischen Forschungsprojekt AGATA zum Einsatz kommen.

Sicherlich ist der Einmannbetrieb **Kryostat und Detektor Technik Thomas** kein Handwerksbetrieb im klassischen Sinne. Und doch, Dr. Thomas versteht sich als Bindeglied zwischen Forschung und Handwerk – Grund genug, sich in die Handwerksrolle eintragen zu lassen.

„Ich nutze das breite Dienstleistungsangebot der HwK Koblenz sowie die Zusammenarbeit und den Gedankenaustausch mit Praktikern", so Thomas. „Eine erfolgreiche Entwicklung der Messgeräte erfordert nicht nur physikalische Kenntnisse und den Wissensaustausch und die Zusammenarbeit mit der Forschung wie beispielsweise mit der Gesellschaft für Schwerionenforschung (GSI) aus Darmstadt oder dem Institut für Kernphysik der Universität zu Köln, sondern auch das Know-how des Feinwerkmechaniker- und Elektrotechnikerhandwerks".

Die Instrumente, für die er verantwortlich zeichnet, müssen unter extremen Randbedingungen funktionieren. Die strahlungsempfindlichen Detektoren und ihre Sensor-Elektronik müssen bei minus 195 Grad Celsius, unter Hochvakuumbedingungen und bei Spannungen von bis zu 5000 Volt funktionieren. „Das sind neben den physikalischen auch insbesondere handwerkliche Herausforderungen, die ich als Experimentalphysiker liebe."

Die **Firma Canyon Bicycles** ist ein Unternehmen aus dem Zweiradmechaniker-Handwerk mit etwa 60 Mitarbeitern und beschäftigt sich unter anderem mit der Herstellung und dem Vertrieb von Spezialfahrrädern, etwa für den Rennsport. In Zusammenarbeit mit dem Institut für Verbundwerkstoffe (IVW) der Technischen Universität Kaiserslautern, einem der weltweit führenden Entwicklungszentren für Faserverbundwerkstoffe, ist es Canyon Bicycles gelungen, einen der leichtesten (weniger als 1000 g Gewicht) und zudem mit Abstand steifsten Rennradrahmen der Welt zu bauen. Zusammen mit dem querovalen Sattelrohr, dem konischen Steuerrohr und der entsprechend dafür hergestellten Karbon-Fahrradgabel, bildet diese Rahmen-Gabel-Kombination mit einem STW (Stiffness to Weight)-Wert von über 100 Nm/° das gegenwärtig steifste Rahmenset im Fahrradsport. Steifigkeit und Gewicht sind wichtige Kriterien, die bei Radrennen über Sieg und Niederlage entscheiden können. Daher schätzen viele professionelle Rennradfahrer das Rahmenset von Canyon und fahren damit reihenweise Erfolge ein.

Die erfolgreiche Forschungskooperation der Firma Canyon Bicycles und des Instituts für Verbundstoffe wurde im Jahre 2005 mit dem Innovationspreis des Landes Rheinland-Pfalz ausgezeichnet.

In die exemplarisch beschriebenen Forschungsaktivitäten der Betriebe ist die Handwerkskammer Koblenz zum Teil aktiv involviert. Über Netzwerke wie den tibb e.V. (junge technologien in der beruflichen bildung, siehe www.tibb-ev.de) regt die Handwerkskammer unter anderem Forschungs- und Entwicklungsprojekte sowie Kooperationen zwischen Betrieben und Institutionen auf Landes-, Bundes- und EU-Ebene an. Der tibb e.V. ist ein Netzwerk von verschiedenen Handwerkskammern, Institutionen und Forschungseinrichtungen, Hersteller- und Anwenderunternehmen mit dem Ziel, die Qualifizierung in jungen Technologien zu fördern. Die HwK Koblenz initiiert aber auch in Zusammenarbeit mit dem Handwerk Forschungsprojekte wie beispielsweise das zur Zeit mit verschiedenen Unternehmen aus der Kunststoffbranche, der FH Kaiserslautern und der FH Koblenz gemeinsam durchgeführte Vorhaben, bei dem es um Untersuchungen zum Bearbeiten und Fügen von hochfluorierten Kunststoffen und sonstigen Hochleistungskunststoffen geht. Dieses Projekt wird durch die Stiftung Rheinland-Pfalz für Innovation gefördert und von der Handwerkskammer Koblenz als Projektleiter koordiniert und durchgeführt.

Rennrad mit neu entwickeltem Carbon-Rahmen

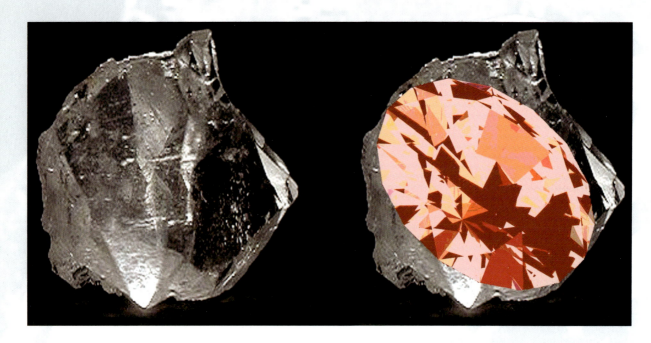

Optische Technologien werden auch bei der Verarbeitung von Rohdiamanten künftig eine Rolle spielen.

Udo Albrecht | Friedhelm Fischer

Einstein gab den Anstoß

Optische Technologien bestimmen im 21. Jahrhundert die Entwicklung von Wissenschaft und Wirtschaft

Anfang des 20. Jahrhunderts macht sich ein Beamter des Berner Patentamts Gedanken über die Natur des Lichts und stellt bahnbrechende Theorien auf, die die Forschung grundlegend revolutionieren werden und in der Folge auch der Wirtschaft zu bisher ungeahnten Verfahren und Produkten verhelfen. Die Rede ist von Albert Einstein.

Obwohl man heute mit seinem Namen meist nur seine Theorien zur speziellen und allgemeinen Relativität in Verbindung bringt, hat er auch wichtige Grundlagen zur modernen Quantenmechanik und zur Theorie von Photonen gelegt. Die Wenigsten wissen, dass er den Nobelpreis in Physik nicht für seine Relativitätstheorien, sondern für seine Entdeckung des Gesetzes des photoelektrischen Effekts erhalten hat.

Die Impulse durch Einsteins theoretische Arbeiten veränderten und erweiterten die Vorstellung und das Wissen der damaligen Fachwelt in einer nie da gewesenen Intensität. Erst durch dieses grundsätzliche Umdenken gelang es, die Ergebnisse von vielen optischen Experimenten lückenlos und widerspruchsfrei zu erklären. Die Struktur des Lichts war entschlüsselt.

Sofort griffen Wissenschaftler in aller Welt diese grundlegenden Erkenntnisse auf. In allen Feldern der Technik schossen Neuentwicklungen wie Pilze aus dem Boden. Verfahren, die bisher undenkbar waren, lösten Aufgaben, die bisher als unlösbar galten. Es gab kaum einen Bereich des täglichen Lebens und der Wirtschaft, der von dieser Revolution in der Wissenschaft nicht betroffen war:
- Transistoren sind die Grundlage für alle heutigen elektronischen Anwendungen in den Informations-, Kommunikations- und Unterhaltungsmedien und Voraussetzung für die ständige Miniaturisierung und Leistungssteigerung. Ohne Einsteins Revolution nähme die Rechenleistung eines einfachen Taschenrechners den Raum eines Wohnzimmers in Anspruch.
- Hocheffiziente und langlebige Lichtquellen auf Gas- und Halbleiterbasis sorgen für die energiesparende Beleuchtung von Wohnungen, Arbeitsstätten, Straßen, Sportplätzen usw. Die Nacht wird zum Tag, der Nachhauseweg sicherer, das Leben bequemer. Edisons Glühlampe hat selbst in der Verkehrsampel und als Kfz-Beleuchtung ausgedient.

- Zur Messung, Vermessung und Überwachung in Forschung, Verwaltung, Produktion und Dienstleistung, Medizin, Verkehr und Freizeit werden optische Messverfahren, Sensoren und Bildverarbeitungssysteme eingesetzt. Berührungslos, vollautomatisiert, fehlerfrei – objektiv statt subjektiv.
- Anzeigen und Bildwiedergabeeinrichtungen dienen zur Darstellung von Zahlen und Texten, Grafiken und Bildern in Öffentlichkeit, Beruf und Unterhaltung. Bildschirme, Anzeigetafeln und Projektionseinrichtungen sind die Schnittstelle zwischen Mensch und Maschine, eine Voraussetzung moderner Kommunikation.
- Optische Signalübertragungs-, Datenverarbeitungs- und Speichersysteme ergänzen und erweitern die Möglichkeiten der Elektronik. Glasfaserleitungen verbinden Computer, Maschinen, Konzerne und Kontinente und übertragen Datenmengen und Bandbreiten, die mit modernsten Kupferleitungen nicht realisierbar sind. Die optische Übertragung und Datenverarbeitung bietet zudem den Vorteil, dass sie im Gegensatz zur elektrischen abhörsicher ist. Als Speicher wird die CD schon heute abgelöst durch DVD, Blu-ray Disc (BD) und andere optische Medien mit immer höheren Speicherdichten und kürzeren Zugriffszeiten.
- Zur optischen Übertragung, Verarbeitung, Speicherung und zum Auslesen der Daten benötigt man Lichtquellen mit besonderen Anforderungen an die Eigenschaften der Strahlung. Die auf Halbleitertechnik basierenden Laserstrahlquellen, sogenannte Diodenlaser, gewährleisten diese Anforderungen. Sie sind zudem sehr klein, in Massen kostengünstig produzierbar, gegenüber herkömmlichen Lichtquellen sehr langlebig und bedürfen keiner Wartung und Pflege.

Begonnen hat die Nutzung von Laserstrahlen im Jahre 1960, als Theodore Harold Maiman die erste Laserstrahlquelle, die als Medium einen Rubinkristall besaß, präsentierte. Seine Erfindung beruhte auf grundlegenden Arbeiten Einsteins aus dem Jahre 1917, die Wechselwirkungen von Licht mit angeregten Atomen beschreiben (stimulierte Emission).

Laserlicht unterscheidet sich von Licht aller anderen natürlichen und künstlichen Lichtquellen durch seine besonderen Ausbreitungs- und Spektraleigenschaften: Es verläuft annähernd parallel, sodass es sich punktgenau bündeln lässt und alle erzeugten Lichtteilchen schwingen mit exakt gleicher Frequenz absolut synchron. Hierdurch werden die bekannten und zukünftigen Anwendungen möglich, für die herkömmliches Licht nicht geeignet ist.

**Das Licht mit den besonderen Eigenschaften
und sein Einsatz im Handwerk**

Schon den ersten Laser setzte man ein, um feinste Bohrungen in Uhrenlagersteine einzubringen. Danach dauerte es jedoch noch mehr als zwanzig Jahre, bis die Materialbearbeitung mit Laserstrahlen wirtschaftliche Bedeutung erlangte. Zwanzig Jahre, in denen Forschung und Wirtschaft Laserstrahlquellen für unterschiedlichste Anwendungen entwickelt haben. Das physikalische Prinzip ist immer gleich, die technische Realisierung aufgrund der geforderten Eigenschaften der erzeugten Strahlung je nach Einsatzzweck sehr unterschiedlich.

Zum Schneiden, Schweißen, Beschriften und Oberflächenbehandeln werden Laserstrahlquellen benötigt, die zum einen das Laserlicht mit hohen Leistungen, hohem Wirkungsgrad sowie hoher Zuverlässigkeit und Verfügbarkeit erzeugen, zum anderen sollte die Wellenlänge des erzeugten Lichts gut von den zu bearbeitenden Werkstoffen absorbiert werden. Bei Lasern, die in wissenschaftlichen oder messtechnischen Anwendungen zum Einsatz kommen, sind andere Faktoren, wie etwa die präzise Erzeugung einer einzigen, konstanten Wellenlänge (z. B. als Messreferenz), relevant. Kleine Ausgangsleistungen und Wirkungsgrade von wenigen Promille müssen akzeptiert werden. Wieder andere Anwendungen aus der aktuellen Plasma- und Kernforschung verlangen nach höchsten Strahl-Leistungen im Megawatt-Bereich mit extrem kurzen Pulsdauern im Bereich von 10^{-15} Sekunden. Die so erzeugten Laser-„Strahlen" haben eine Länge von weniger als 1 µm (tausendstel Millimeter), sodass man besser von Laser-„Scheibchen" spricht.

Die Vielfalt der möglichen Anwendungsbereiche und – davon abhängig – der Anforderungsprofile an die Strahlquellen ist grenzenlos. Ein Ende der Aktivitäten, Ideen und Visionen ist deshalb nicht abzusehen. Dies gilt gleichermaßen für die Grundlagenforschung wie auch für die auf deren Ergebnissen beruhende Anwendungsentwicklung und den wirtschaftlichen Einsatz.

Das breite Anwendungspotenzial, das durch die schon bestehenden und zukünftigen Entwicklungen im Lasersektor und anderen optischen Bereichen erschlossen wurde bzw. werden wird, legte bereits zu Beginn der wirtschaftlichen Nutzung der Laserstrahlung den Einsatz auch im Handwerk mit seinen vielfältigen Anwendungen und individuellen Aufgabenstellungen nahe. Schon in den 1980er Jahren wurden im Metallhandwerk Bleche mit Lasermaschinen in höchster Präzision zugeschnitten und auch empfindliche Bauteile präzise und schonend verschweißt.

Für 70 der 94 Ausbildungsberufe des Handwerks ist heute bereits der Einsatz von Optischen Technologien relevant. Sie eröffnen für das Handwerk ein hohes Innovationspotenzial. Damit geeignetes Personal zur Verfügung steht, müssen entsprechende Inhalte bereits in der Ausbildung hinreichend Berücksichtigung finden.

Hier wollen wir nun aus der Vielzahl der möglichen Anwendungen von Lasertechnik und anderen Optischen Technologien, die das Handwerk betreffen, einige Beispiele vorstellen, die einen Eindruck über die diversen Einsatzgebiete vermitteln. Dabei sind wir uns bewusst, dass wir hier nicht annähernd einen Gesamtüberblick geben können.

Die Zukunft des digitalen Fernsehens ist HDTV

Das Fernsehen ist einer der Wirtschaftsbereiche, die
- von der Herstellung, dem Aufbau und der Wartung der Studio- und produktionstechnischen Einrichtungen
- über den Produktionsbetrieb, die Nachbearbeitung und die Verbreitung der Sendebeiträge
- bis hin zur Herstellung, zum Verkauf und zur Wartung der Endgeräte für die Konsumenten

heute, und in naher Zukunft verstärkt, durchgängig auf Optische Technologien angewiesen sind. Im Rundfunk-Staatsvertrag ist der schrittweise Übergang der Verbreitung der öffentlich-rechtlichen Fernsehsender von analoger Technik auf Digitaltechnik geregelt, der bis zum Jahr 2010 komplett vollzogen sein soll. Ausschlaggebend hierfür war vor allem die Möglichkeit, mit digitalen Verfahren mehr Inhalte in besserer Qualität auf den nur begrenzt zur Verfügung stehenden Übertragungswegen und Bandbreiten übertragen zu können.

Um qualitative Beeinträchtigungen durch sogenannte Medienbrüche (hier: Wandlung eines Signals von analog zu digital oder umgekehrt) zu vermeiden und die Vorteile der digitalen Technik durchgängig nutzen zu können, sollten Aufzeichnung, Übertragung, Verarbeitung und Wiedergabe der Programminhalte (und Zusatzinformationen), das heißt alle Schritte der medialen Wertschöpfungskette, im Endausbau konsequent und durchgängig digital erfolgen. Die Sendeanstalten und Produktionshäuser haben seit Anfang der 1990er Jahre schrittweise den Wechsel betrieben. Bei der Auswahl der Ausstattung wurde auch berücksichtigt, dass man sich bei vollständiger Digitalisierung nicht mehr auf die einheitliche Bildauflösung und das Format des analogen PAL-Systems beschränken muss. Die neuen Einrichtungen verarbeiten verschiedene Übertragungsqualitäten bis zur hochauflösenden HDTV- (high-definition-television) Fernsehnorm. Ähnlich wie bei der digitalen Fotografie, bei man selbst festlegt, in welcher Auflösung und Qualitätsstufe man ein Bild aufnimmt, bearbeitet, speichert, darstellt und im Internet veröffentlicht, entscheidet dies in der Zukunft des digitalen Fernsehens der Sender bzw. Produzent abhängig vom Programminhalt. Nachrichten werden in normaler Qualität im gewohnten 4:3-Format gesendet, der anschließende Spielfilm läuft in HDTV-Qualität im Breitwand-Format, wofür natürlich höhere und damit teurere Übertragungskapazitäten gebucht werden müssen.

Die Digitalisierung legt den verstärkten Einsatz Optischer Technologien nahe, da digitale Daten schneller, kompakter und sicherer optisch übertragen und gespeichert werden können. Und bei der Aufnahme und Wiedergabe haben wir es schon immer mit Optischen Technologien zu tun, wobei der Wechsel von der Bildröhre zur hochauflösenden LCD-Bildschirm-Technologie konsequent der höheren Übertragungsqualität folgt.

Die verschiedensten Optischen Technologien kommen also zusammen, wenn man alle Bereiche von der Produktion bis zum Zuschauer betrachtet: vergütete, hochauflösende Linsensysteme und CCD-Bildaufnahmechips in den Fernsehkameras, optische Übertragung des Rohmaterials und der fertigen Sendungen per Lichtleitfaser zwischen den Produktionsstätten, zu den Sendern und teilweise direkt zu den Teilnehmern, Speicherung und Verbreitung auf optischen Platten mit immer höheren Kapazitäten und schließlich die bestmögliche Darstellung auf HDTV-fähigen LCD-Fernsehschirmen.

Das Handwerk hat den Wandel immer begleitet. Der Übergang vom Schwarzweiß- zum Farbfernsehen Ende der 1960er Jahre, die Digitalisierung und das Zusammenwachsen von Computer- und Fernsehtechnik und nun die Ablösung der 1897 von Ferdinand Braun entwickelten Kathodenstrahlröhre (Braunsche Röhre) als Bildschirm durch die Flüssigkristalltechnologie (LCD = liquid cristall display).

**Wartung und Reparatur von
LCD-Fernsehgeräten**

Die Unterschiede in Empfangstechnik und Bildwiedergabesystem zwischen einem modernen LCD-Fernsehgerät und einem konventionellen PAL-Fernseher mit Bildröhre sind so groß, dass die bisherigen Kenntnisse eines Fernsehtechniker-Meisters nicht mehr ausreichen, um einen defekten LCD-Bildschirm reparieren zu können. Vergeblich sucht man nach dem Transformator zur Erzeugung der Beschleunigungsspannung oder nach einem Zeilengenerator. Dafür findet man mit Sicherheit Baugruppen, die auch der Fachmann eher in einem Computer erwarten würde als in einem Fernsehgerät. Insofern ist es verständlich, dass die Hersteller nur Betrieben des Informationstechniker-Handwerks (vormals Radio- und Fernsehtechniker-Handwerk), die entsprechende Qualifizierungslehrgänge besucht haben, die Freigabe zur Wartung und Reparatur der neuen Technik geben.

Einer der Betriebe im nördlichen Rheinland-Pfalz, die sich schon frühzeitig mit dem Thema beschäftigt haben und die als einer der ersten die Kompetenz und Zertifizierung der führenden LCD-TV-Hersteller erhielten, ist die Firma Radio Queckenberg in Bad Breisig. „Wir verkaufen auch noch hochwertige Geräte mit Bildröhre, die für den analogen Empfang und DVB-T ideal sind," so der Inhaber Radio- und Fernsehtechnikermeister Kurt Queckenberg, „aber

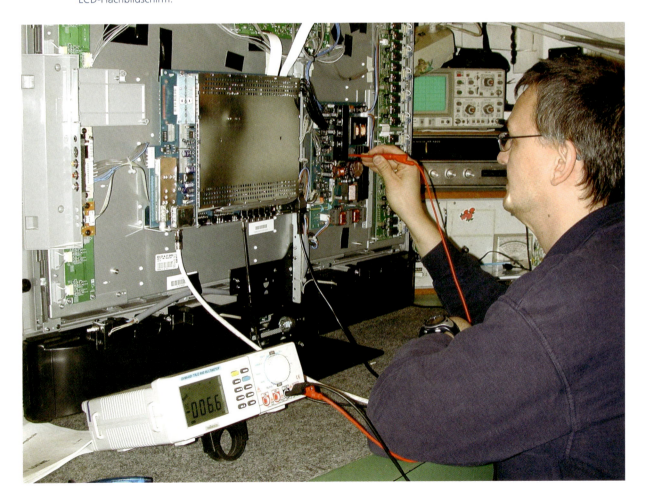

Radio- und Fernsehtechniker Ulrich Schäfer kontrolliert den soeben erfolgten Einbau eines Digital-Empfängers in einen LCD-Flachbildschirm.

wer wirklich hochauflösendes Fernsehen genießen will, der braucht ein HDTV-taugliches LCD-Gerät." Der Vergleichstest im Ausstellungsraum beweist: Analoges Fernsehen sieht auf den herkömmlichen Röhrengeräten schöner aus, als auf einem doppelt so teuren HDTV-Flachbildschirm. Aber die Feinheiten der schon heute per Satellit digital zu empfangenen HDTV-Testsendungen und vereinzelten Sendungen des regulären Programms werden nur auf einem entsprechenden Flachbildschirm sichtbar. „Dies liegt an dem leichten Rauschanteil, der im analogen Signal immer vorhanden ist, aber nur auf dem hochauflösenden LCD-Schirm sichtbar wird und stört" erklärt Radio- und Fernsehtechniker Ulrich Schäfer. Die Kunden des Fachbetriebs wollen natürlich wissen, warum bei ihnen zu Hause das Bild ihres neuen Top-Modells schlechter ist als das des alten Röhrengerätes. „Ein HDTV-Gerät macht nur dann Sinn, wenn man wirklich auch HDTV sehen möchte", so der zertifizierte LCD-Fachmann des Betriebs. „Für analog sind die einfach zu gut, die machen jedes kleine Bildrauschen sichtbar."

Deshalb ist es oft sinnvoll, einen digitalen Empfängerbaustein direkt in das Gerät zu integrieren. Diese gibt es für Kabel- oder Satellitenempfang. Neben der höheren Bildqualität spart man den normalerweise zusätzlich notwendigen SAT-Empfänger. Der fachgerechte Einbau kann nur durch speziell vom Hersteller geschultes Personal erfolgen.

Für die Firma Queckenberg ist es ein Marktvorteil, dass sie die Weichen rechtzeitig in Richtung Digitalempfang und HDTV gestellt hat und Fachpersonal bereithält.

Maßanfertigung von hochwertigen Reitsätteln

Jeder kennt das: Je besser der Schuh sitzt, desto angenehmer können weite Strecken zu Fuß zurück gelegt werden. Und da jeder Mensch eine andere Fußform besitzt, reicht oft nicht die Angabe der Schuhgröße alleine aus, um den passenden Schuh im Fachgeschäft zu finden. Anprobieren ist angesagt.

Prinzipiell besteht das gleiche Problem auch bei Reitpferden, die einen neuen Sattel bekommen sollen. Leider ist hier aber die Auswahl zum „anprobieren" nicht so groß, da die Nachfrage nach Sätteln nicht vergleichbar ist mit der Nachfrage nach Schuhen.

Der Handwerksmeister und Inhaber einer Sattlerei Christoph Rieser entwickelte ein System, das durch Projektion von genau definierten Streifenmustern auf den Pferderücken, die Aufnahme dieser Muster aus einem bestimmten

Ein optischer Scanner erfasst die Geometrie des Pferderückens in Sekundenschnelle, damit aus den Daten ein passgenauer Sattel gefertigt werden kann.

Winkel mit einer CCD-Kamera und die Auswertung der Kamerabilder die Geometrie des Rückens jedes Pferdes exakt aufnimmt. Daraus ergibt sich die jeweils ideale Form der Auflagefläche eines Sattels auf dem individuellen Pferderücken.

Das Herzstück eines Sattels ist der Sattelbaum. Aus verleimtem Schichtholz wird die Geometrie computergesteuert, das heißt mit einer CNC-Fräsmaschine (computer numeric control) individuell herausgefräst, wobei die Daten des Pferderückens die Geometrie der Unterseite des Sattelbaums bestimmen. Der fertige, das heißt mit Leder und den anderen Elementen bestückte Sattel passt nun wie angegossen auf das entsprechende Pferd.

Christoph Rieser hat mit seiner Erfindung den Innovationspreis des Landes Rheinland-Pfalz 2004 gewonnen.

Optische Technologien sind auch im Zahntechniker-Handwerk verbreitet

Wo früher gelötet wurde, da kommt heute das Laserstrahlschweißen zum Einsatz. Dies hat mehrere Gründe. Beim Löten von zahntechnischen Produkten wie Brücken und Prothesen bestand schon immer die Problematik, dass die Verbindung zwischen dem Grundwerkstoff und dem artfremden Zusatzwerkstoff, dem Lot, mit der Zeit korrodiert. Dies liegt daran, dass sich in der feuchten Umgebung aufgrund der unterschiedlichen Zusammensetzung der beiden Werkstoffe ein elektrisches Potenzial aufbaut und sich genau am Übergang Ionen herauslösen. Neben der begrenzten Haltbarkeit solcher Verbindungen ist auch die gesundheitliche Bedenklichkeit der vom Körper aufgenommenen Ionen zu berücksichtigen. Sie gelten unter anderem als Auslöser von Allergien. Im Unterschied hierzu wird beim Schweißen – falls überhaupt – artgleicher Zusatzwerkstoff verwendet, sodass sich kein elektrisches Potenzial bildet und auch keine Ionen herauslösen können: Die Schweißverbindungen sind haltbarer und gesundheitlich unbedenklich.

Das Schweißen im zahntechnischen Bereich ist erst seit der Verfügbarkeit von Laser-Handarbeitsplätzen möglich. Fein dosierte Laserpulse mit Pulsdauern im Millisekundenbereich und Leistungen von einigen tausend Watt schmelzen punktuell den Werkstoff und ggf. eine kleine Menge Zusatzwerkstoff an der zu verschweißenden Stelle auf. Nach dem Puls kühlt die Stelle sofort wieder ab und die Verbindung ist hergestellt. Was so einfach klingt, ist das Ergebnis von Fingerspitzengefühl und viel Übung des Mitarbeiters. Denn beide Teile des Werkstücks sowie ggf. der Zusatzdraht müssen in der Hand gehalten und in die richtige Position gebracht werden. Diese Handhabung wird über ein Mikroskop überwacht, in dessen Sichtfeld auch ein Fadenkreuz für den Laserschuss eingeblendet ist.

Erfahrung ist aber nicht nur für die Positionierung, sondern auch für die richtige Einstellung der Laserparameter wie Pulsleistung, Pulsdauer und Strahldurchmesser notwendig. Je nach Werkstoff und Geometrie sind hier unterschiedliche Werte erforderlich, um haltbare, einwandfreie Verbindungen zu erzielen.

Hier lag auch die Problematik bei dem Wechsel vom Löten zum Schweißen in den 1990er Jahren. Das Laserstrahlschweißen geriet häufig durch Unkenntnis der Anwender in schlechtes Licht, weil man die Erfahrungswerte, die beim Löten galten, irgendwie versuchte zu adaptieren. Das kann nicht funktionieren, da beim Schweißen ein physikalisch komplett anderer Prozess vorliegt. Das

Für Carmen Karpen, Auszubildende im Zahntechnikerhandwerk, gehört die Lasertechnik zum selbstverständlichen Handwerkszeug.

Ergebnis waren unsaubere, nicht belastbare, minderwertige Verbindungen. Schnell führte man dies auf die ungeeignete Lasertechnik zurück. Man suchte den Fehler nicht bei sich.

Vom Anwender wurde ein komplettes Umdenken verlangt, er musste vergessen, was er vom Löten her kannte. Und er musste sich in der neuen Technik qualifizieren. Heute sind diese Anfangsschwierigkeiten überwunden.

Ob eine neue Technik bereits zum täglichen Brot eines Gewerkes gehört und ob ein Betrieb hinter dieser Technik steht, kann man auch an ihrer Integration in die Ausbildung der Lehrlinge im Betrieb ablesen. Vorbildlich in der Lehrlingsausbildung im Zahntechnikerhandwerk ist die Firma Lubberich aus Koblenz, die jährlich vier Lehrlinge neu einstellt. Auch für sie ist die Lasertechnik ein selbstverständliches Werkzeug des Berufsbildes.

Was bringt die Zukunft?

Im Zuge der weiteren Miniaturisierung und Geschwindigkeitssteigerung in der Kommunikationstechnik und Datenverarbeitung werden die Optischen Technologien weiter an Bedeutung gewinnen. Elektronische Bausteine können aufgrund ihrer Komplexität und Dichte nicht mehr mechanisch gefertigt werden. Optische Verfahren bilden die Mikrostrukturen, aus denen die Schaltkreise aufgebaut sind. Die Wellenlänge des verwendeten Lichts bestimmt die Auflösungsgrenze des Verfahrens, das heißt die minimale Größe und den minimalen Abstand der Leiterbahnen und aktiven Halbleiterstrukturen. Längst verlässt man den sichtbaren Bereich in Richtung UV- und Röntgenstrahlung.

Ein weiter Bereich der Forschung beschäftigt sich mit der rein optischen Datenverarbeitung. Licht wird nicht mehr nur zur Bearbeitung, Übertragung und Anzeige verwendet, sondern übernimmt selbst den logischen Part in optischen Schaltelementen. Dazu werden mit Hochdruck Substanzen entwickelt, die Lichtstrahlen gezielt schalten, ablenken, verstärken usw.

Man erwartet Vorteile der optischen gegenüber der elektronischen Datenverarbeitung aufgrund der unterschiedlichen physikalischen Eigenschaften von Elektronen und Photonen:

- Bewegte Elektronen erzeugen immer elektromagnetische Felder (Radiowellen), die auch Wände durchdringen, so dass eine hundertprozentige Abhörsicherheit elektronischer Schaltungen aus der Ferne nicht gegeben ist. Bei optischen Schaltungen reicht ein Stück Papier als Abschirmung.
- Die grundsätzliche Begrenzung der Taktfrequenz von elektronischen Rechnern durch die Masse und Wechselwirkung von Elektronen mit elektrischen und magnetischen Feldern besteht bei Photonen nicht. Die Karten können neu gemischt werden.

Bis man jedoch die Miniaturisierungsstufe und Zuverlässigkeit heutiger elektronischer Bauteile erreicht oder gar überholt hat, werden sicher noch ein paar Jahre ins Land gehen.

Aber auch im Handwerk blickt man in die Zukunft. Kann man Rohdiamanten vollautomatisch wie den Rücken eines Pferdes vermessen, die größtmögliche Geometrie eines perfekten Edelsteins hineinrechnen und anschließend nach diesen Daten computergesteuert so schleifen, dass der Rohdiamant optimal ausgenutzt wird? Man kann! Ob und wann jedoch diese oder eine andere Anwendung aus dem unbegrenzten Vorrat, den uns die Natur mit den Möglichkeiten des Lichts – den Optischen Technologien – bereithält, genutzt werden kann, das beeinflussen Menschen mit Ideenreichtum, Kreativität und Visionen.

Van de Velde schuf den individuellen Stuhl …   Muthesius die Stuhl-Type …   und Schreinermeister Heese den Stuhl zum Sitzen.

Im Deutschen Werkbund begegneten sich Künstler, Architekten, Unternehmer und Handwerker – Streitigkeiten inklusive. Karikatur von Karl Arnold, erschienen im Simplizissimus 1914, zur Diskussion über die Typisierung in der Gestaltung, die auf der Werkbund-Tagung im Rahmen der Ausstellung des Deutschen Werkbundes Köln 1914 ausgetragen wurde.

Christopher Oestereich

Gestaltung und Innovation im Handwerk

Eine historische Betrachtung

Handwerk, Industrialisierung und Gestaltungsfrage

Am Anfang einer Neuerung steht zuweilen eine ernüchternde Erkenntnis: „Niederlage" wurde die Präsentation des deutschen Handwerks auf der Weltausstellung in Wien 1871 genannt. Nirgends, so hieß es in einem amtlichen Bericht, würde so nachlässig und auf den bloßen Schein gearbeitet als in Deutschland, „wo die Mehrzahl der Handwerker nur gedankenlose und auf den äußeren Effekt berechnete Arbeit liefere, ohne eine Ahnung davon, was ein anderer besser machen könne, und nur darauf bedacht, ähnliche Gegenstände flüchtiger und billiger herzustellen." (Zitiert nach Heinrich Waentig, Wirtschaft und Kunst, S. 251 f.)

Harte Worte, aber bei weitem nicht neu. Weltausstellungen boten von Anfang an Anlass, die Qualität deutscher Produkte aus Industrie und Handwerk scharf zu richten.

Gleichzeitig genoss das Handwerk auch aus wirtschaftswissenschaftlicher Sicht kein hohes Ansehen. So behauptete der Nationalökonomen Werner Sombart zu Anfang des 20. Jahrhunderts: „Dem Handwerk eingeboren ist der horror novi. ... Dem Handwerk als solchem fehlte aller Unternehmungsgeist." (Werner Sombart, Der moderne Kapitalismus. Bd. 2, S. 890 f.)

Dennoch überlebte das Handwerk die Industrialisierung – es verstand, sich den neuen Bedingungen anzupassen. Daneben jedoch stand ein Faktor, der gerade auch die aufstrebende Industrie kennzeichnete: das Vermögen Neues hervorzubringen, damit neue Märkte zu erschließen und entscheidende Vorteile im Konkurrenzkampf zu erreichen.

Reform ist Innovation

In der Marktwirtschaft unterliegen Handwerk und Industrie denselben Gesetzen. Insofern gilt für beide ein anderes Wort Sombarts: „Ganz im Gegensatz zu anderen Wirtschaftssystemen ist der Kapitalismus nach Neuerungen süchtig, … um … sein innerstes Sehnen zu stillen: Extraprofite zu machen." (Sombart, Der moderne Kapitalismus, Bd. 3, S. 87).

Das Handwerk war eben nicht nur Hort von Tradition und Beharrung. Es lieferte gleichzeitig wichtige innovative Impulse – gerade auf dem Gebiet der Produktgestaltung.

Weil geschmackliche Orientierungslosigkeit und minderwertige Massenproduktion als Begleiterscheinungen der Industrialisierung bewusst waren, regten sich auch zuerst in England, dem Vorreiter der Industriellen Revolution, Bemühungen, den Missständen abzuhelfen. Die „Arts & Crafts"-Bewegung lehnte die maschinelle Produktionsweise ab und verlangte die Rückbesinnung auf künstlerische und handwerkliche Einstellungen und Techniken.

Reformbewegungen entstanden auch in anderen Ländern. In Deutschland nahmen sich vereinzelte Reformbemühungen im Lauf des 19. Jahrhunderts der Gestalterausbildung an. Üblich war an den Kunstgewerbe- und Handwerkerschulen der reine Zeichenunterricht. Damit wurden freilich die stilistische Nachahmung überkommener Formen und das vorherrschende Stilgemisch gefördert. Die Reformen setzten mit Kunstgewerbe- und Zeichenschulen, mit Mustersammlungen und Kunstgewerbemuseen alles daran, die Faktoren Handwerk und Kunst in der gewerblichen Gestaltungsarbeit zu stärken.

Die Reformen zielten also auf grundlegende Neuerungen in Ausbildung, Produktion und Absatz; sie waren ebenso ökonomischer wie kultureller Natur. In ihrem umfassenden Anspruch sollte mit ihnen Altes verschwinden oder umgewandelt werden und Neues entstehen. Hier kam also ein Innovationsprozess in Gang, der im Sinne des Wiener Nationalökonomen Joseph A. Schumpeter als schöpferische Zerstörung gesehen werden kann. Das Plädoyer seines Landsmanns Adolf Loos für das „entfernen des ornamentes aus dem gebrauchsgegenstande" – in seinem Aufsatz „Ornament und Verbrechen" von 1908 – lässt die Gestaltungsreform geradezu als Sinnbild einer Innovation erscheinen.

Die Reformkräfte organisieren sich

Reformeifrige Vereine, fortschrittliche Beamte, experimentierfreudige Schulen – alles wichtige Kräfte, aber nur vereinzelt und an der Oberfläche. An der Basis ein ähnliches Bild: einzelne Werkstätten, Künstler, Meister, die das Neue wagten. Den bedeutendsten Schub erhielt die Reform, als 1907 der Deutsche Werkbund (DWB) gegründet wurde.

Dass sich eine kleine Gruppe von Persönlichkeiten aus Kunst, Industrie, Handwerk und Politik zusammenschloss, war vor allem ein Zeichen für die heftige Debatte um Sinn und Zweck einer tiefgreifenden Innovation: die „Veredelung der gewerblichen Arbeit im Zusammenwirken von Kunst, Industrie und Handwerk", wie es als Werkbund-Zweck formuliert wurde.

Neben und mit dem Werkbund als Interessenverband und Propagandaverein wirkten auch zahlreiche reformorientierte Hoch- und Fachschulen: angefangen von den erneuerten Kunstgewerbeschulen bis hin zum Bauhaus. Waren alle diese Schulen und Schulreformen auch immer heftig umstritten – mit der bei ihnen umgesetzten Verbindung von Kunst und Handwerk bewiesen sie, dass die Reformkonzepte praktikabel waren. Mit der Regierungsübernahme der Nationalsozialisten 1933 änderten sich die Arbeitsbedingungen für die Reformkräfte grundlegend. Der DWB wurde rasch personell und programmatisch gleichgeschaltet und die Gestalterausbildung auf Linie gebracht.

Innovation im Handwerk

Unterschieden sich auch die „Arts & Crafts"-Bewegung mit ihrer rückwärtsgewandten Ablehnung jeder Maschinenarbeit, die deutsche Reformbewegung oder die Jugendstil-Bewegung voneinander – eines war allen gemeinsam: Auf der Suche nach einer Antwort auf die von der Industrialisierung aufgedrängte Gestaltungsfrage stützten sie sich auf die Verbindung von Handwerk und Kunst. War das der innovative Faktor, mit dem auch das Handwerk aus der Krise finden konnte?

Eine Antwort gibt der Blick auf einen der Reformpioniere im Handwerk: Der 1873 geborene Tischlergeselle Karl Schmidt lernte während seiner Wanderjahre unter anderem das von ersten Reformen geprägte englische Handwerk kennen. Zurück in seiner Heimat Sachsen gründete er nach einer Anfangszeit als Werkmeister 1898 eine eigene Tischlerwerkstatt, die in den Folgejahren rasant wuchs.

Karl Schmidt (erste Reihe, zweiter von links) im Kreise seiner Mitarbeiter, Dresden 1903

Ein entscheidender Faktor seines Erfolgs war die Gestaltung und ihre organisatorische Einbindung in den Produktionsprozess. Schmidt zog von Anfang an Künstler für die Entwurfsarbeiten heran – vielseitige, räumlich denkende, dem Gebrauchsnutzen verpflichtete Künstler, dazu Professoren der Kunstgewerbeschule, die neben der Entwurfsarbeit noch die ständige Weiterbildung der ausführenden Handwerker betreuten. Die Entwerfer wurden am Erlös beteiligt, erhielten das Urheberrecht und wurden als hauptsächlich Beteiligte am Produktionsprozess namentlich genannt – was heute selbstverständlich scheint, zu Beginn des 20. Jahrhunderts jedoch neu und ungewohnt war. Das ist nur ein, wenn auch das prominenteste frühe Beispiel eines Handwerksbetriebs, der sich nicht nur innovativ gab, indem er Produkte und sogar das unternehmerische Erscheinungsbild ästhetisch auf eine moderne Linie brachte, sondern der einer der Promotoren der Reformbewegung wurde.

Walter Gropius, einer der Begründer des Bauhauses, um 1920

Der in den Augen der Reformer ideale Gestalter war der Handwerker-Künstler. Die Rolle des Handwerks in der Entwicklung der modernen Gestaltung in Deutschland wird hier deutlich: Das Handwerk bildete den Kern jeder pädagogischen und ästhetischen Reformidee. Zusätzlich bot es einen weltanschaulichen Bezugspunkt, mit dem es gelang, die behutsameren Reformer und die radikaleren, technizistischen Modernisierer zusammenzuhalten – dies bis in die 1960er Jahre hinein. Das beste Beispiel für die Symbiose von Handwerk und Gestaltungsinnovation, geradezu ihr Symbol, ist das Bauhaus. Im Gründungsprogramm von 1919 berief sich Walter Gropius auf handwerkliche Grundlagen der Arbeit und der Organisation, basierte doch der Grundgedanke des Bauhauses auf dem Vorbild der mittelalterlichen Bauhütte. Dazu kam die Kunst als gleichwertiger Faktor der Erziehung und der Arbeit.

Zwischen Kunst und Industrie konnte sich das Handwerk am Bauhaus und auch an den Kunstgewerbeschulen behaupten. Die NS-Bildungspolitik machte dem Miteinander von Handwerk, Kunst und Industrie an den Gestalterschulen nach 1933 ein Ende. Mit der Umbenennung in „Handwerkerschulen" wurden sämtliche Lehrbereiche, die sich primär der Kunst oder der Technik und Industrie widmeten, aufgelöst; das Bauhaus wurde drangsaliert und gab schließlich auf – der Innovationsprozess geriet ins Stocken.

Wiederaufbau als Chance

Die katastrophale Situation unmittelbar nach 1945 schlug sich in den Programmen und Ideen der Männer und Frauen im Wiederaufbau nieder. So formulierte etwa Sepp Hutt, damals stellvertretender Geschäftsführer der Handwerkskammer Düsseldorf, in einem Zeitungsartikel vom Januar 1948: „Die kulturelle Aufgabe des Handwerks besteht in der schöpferischen Mitgestaltung unserer Städte und Dörfer und besonders unserer Heime, um sie zweckmäßig und schön, werkgerecht und harmonisch auszustatten ... Von einem kulturwertigen Handwerkserzeugnis ... fordern wir: 1. dass es zweckmäßig, dauerhaft und gediegen verarbeitet sei ... 2. Werkstoffechtheit und Werkstoffehrlichkeit ... 3. die gute Form, die edle Gestaltung des Erzeugnisses."

Die konservative Rückbesinnung auf die politischen und wirtschaftlichen Strukturen der Zeit vor 1933 bescherte auch dem Handwerk eine zumindest ideologische Aufwertung. Zugleich sah es die Chance, den Makel des rückwärts gewandt Völkischen, wie er in der NS-Handwerkspolitik zum Ausdruck gekommen war, abzustreifen. Denn nun wurden die Reformer aus Werkbund- und Bauhaus-Kreisen wieder aktiv, und diesmal ohne nennenswerten Gegenwind aus konservativer Richtung. Damit ergab sich auch die Chance, handwerkliche Gestaltungsarbeit in der modernen Industriegesellschaft erneut und diesmal konsequenter zu positionieren.

Nun ging es jedoch nicht mehr um das Für und Wider einer innovativen Neubestimmung der Gestaltung. Dies war entschieden mit der Eingliederung Westdeutschlands in das auch Wirtschaft und Kultur umfassende demokratisch-marktwirtschaftliche Wertesystem. Jetzt ging es um die Annahme und Verbreitung dieser Innovation. Und nun gerieten die Dinge beim Handwerk stärker in Bewegung. Dabei konnte man sich hier an einem Bereich orientieren, der von Natur aus die Grenzen des Handwerks überschritt und dabei immer Teil der Reformkräfte war: das Kunsthandwerk.

Ein Blick in die Dornburger Keramik-Lehrwerkstatt des Bauhauses 1924/25. Der Werkstattleiter Max Krehan in der Mitte sitzend

Gestaltung und Innovation im Handwerk

Kunsthandwerk als Innovator?

Die Gestaltungsreform betraf vor allem die gestaltenden Handwerkszweige, das heißt jene, deren Produktion einen hohen Anteil an formender Arbeit aufweist. Den innovativen Kern der Reform machte aus, dass verstärkt künstlerische Aspekte in der Gestaltungsarbeit berücksichtigt werden sollten. Das jedoch ist Wesensmerkmal jener handwerklichen Arbeit, die sich selbst als kunsthandwerklich versteht. Oder, wie es etwa die ADK Nordrhein-Westfalen auf ihrer aktuellen Internet-Homepage formuliert: „Der Kunsthandwerker ist an der Basis der Kunst und in der Avantgarde des Handwerks tätig." (www.kunsthandwerk-nrw.de)

Dennoch war das Kunsthandwerk nicht jene Avantgarde, die das Handwerk insgesamt von Anfang an auf Innovationskurs bringen konnte. Im Gegenteil: Die Kritik am Erscheinungsbild deutscher Produkte richtete sich gegen das Kunstgewerbe, dem dort beobachteten Verfall der ästhetischen wie materiellen Qualität. Das wirkte noch lange nach, so dass etwa Wilhelm Wagenfeld, am Bauhaus ausgebildeter Silberschmied und einer der frühen Industriedesigner, das Kunsthandwerk eher als Innovationsbremse sah: „Wäre doch das Kunsthandwerk nur mit dem dritten Reich [sic!] gestorben, wir hätten es

Bauhaus-Schülerinnen an den Webstühlen. Aus einer Zeitungsreportage um 1927

dann einfacher, in unserer Zeit voranzukommen." (Brief Wagenfelds an den Töpfer Karl Hentschel, 1949, Staatsarchiv Ludwigsburg, Bestand Landesgewerbeamt Baden-Württemberg)

Der Anspruch der Reformer, nach der NS-Zeit die Gestaltungsentwicklung auch im Handwerk wieder maßgeblich zu bestimmen, wurde beim Handwerk nicht nur begrüßt. Stimmen, wie die des Kasseler Töpfermeisters Rolf Weber, der 1949 in einem Zeitungsartikel den Deutschen Werkbund als natürlichen Ansprechpartner auch des Kunsthandwerks in Gestaltungsfragen bezeichnete, waren eher seltener. Das Kunsthandwerk organisierte sich selbst in den Arbeitsgemeinschaften des Deutschen Kunsthandwerks (AdDK), die sich zumeist an die Handwerkskammern anlehnten und sich der Förderung qualitativ hochwertiger Arbeit widmeten.

„Wäre doch das Kunsthandwerk nur gestorben" Wilhelm Wagenfeld in der Metallwerkstatt der Staatlichen Bauhochschule Weimar, um 1927–1929

Vertreten war das Handwerk in der neu entstehenden Reformbewegung vor allem durch Kunsthandwerker und Kunsthandwerkerinnen. Die Tatsache, dass auch handwerkliche Spitzenvertreter im DWB und anderen Reformorganisationen, wie etwa dem Rat für Formgebung, saßen – so Anfang der 1950er Jahren unter anderen der AdDK-Vorsitzende Robert Poeverlein und der ZDH-Präsident Richard Uhlemeyer – zeigte zumindest eine grundsätzliche Verbundenheit zwischen entschiedenen Reformern und Handwerk. Tatsächlich lässt ein Blick auf die Zeit nach 1945 eine Umbewertung der Gestaltungsfrage in Handwerkskreisen erkennen.

Handwerk und Gestaltungspolitik in der Bundesrepublik

„Das Handwerk ist bereit, mit allen Kreisen zusammenzuarbeiten, die um die Förderung der Qualität bemüht sind. Im Deutschen Werkbund sieht es einen seiner maßgebenden Partner. Es teilt das Programm des Deutschen Werkbundes ... und schließt sich der Auffassung des DWB an, dass die Weckung und Pflege des Gefühls für die gute Form ein Bildungselement erster Ordnung ist."

Trotz dieser gemeinsamen Verlautbarung von DWB und ZDH im Jahr 1956, nachzulesen im Deutschen Handwerksblatt, blieb das Verhältnis des Handwerks zu den Reformern um den DWB angespannt: Ausstellungsjurierungen, die vom AdDK vorgenommen wurden, missfielen der DWB-Führung; aus Handwerks-Sicht rückte das neue Phänomen des Industrial Design bei den Reformern zu sehr in den Vordergrund; dazu gab es jahrelange Diskussionen um den Kurs der ehemaligen Kunstgewerbeschulen, die nun in Werkkunstschulen umbenannt wurden, womit ihre reformorientierte Neukonzeption deutlich wurde.

Das organisierte Handwerk bemühte sich um eine eigenständige Position im Innovationsprozess. Es verfolgte seit den 1950er Jahren zunächst eine Doppelstrategie: Verbände und Kammern suchten die kritische Fühlungnahme mit den Reformkräften um DWB und Rat für Formgebung – auch wegen deren Bedeutung für das Ausbildungswesen und die Präsentation deutscher Gestaltungsarbeit auf Messen und Ausstellungen. Gleichzeitig gewann Gestaltung in der Handwerksorganisation ein immer größeres Gewicht: Immer mehr Kammern oder Landesvertretungen richteten Handwerkspflegestellen oder Beratungsstellen für Formgebung ein (1961 erhielt

Thonet-„Bauhaus"-Schreibtisch

Rheinland-Pfalz einen Landeshandwerkspfleger); das Deutsche Handwerksinstitut gründete 1954 eine Abteilung für handwerkliche Formentwicklung, die Weiterbildungsprogramme anbot, wissenschaftliche Untersuchungen förderte und sich in der handwerklichen Gewerbeförderung engagierte.

Auch im Handwerk war seit den 1950er Jahren also eine „Institutionalisierung des Design" (Gert Selle) zu beobachten, wie sie die industrielle Formgebung in der frühen Bundesrepublik prägte. Das war eine Antwort auf die rasante Entwicklung im Bereich der Industriegestaltung – der Begriff des „Design" und des „Designers" war in den 1950er Jahren noch neu, setzte sich aber bis Anfang der 1960er Jahre durch. Hier sah sich das Handwerk bald in die Defensive gedrängt. Das wurde vor allem deutlich im Ausbildungsbereich. Die Werkkunstschulen wandelten sich im Laufe der 1960er Jahre zur primären Ausbildungsstätte für Industriedesigner – später Fachhochschulen – oder zu Kunsthochschulen. Für das Handwerk bedeutete das einen großen Verlust. Die Schwerpunkte der Gestaltungspolitik im Handwerk liegen seitdem auf der berufsbegleitenden Weiterbildung des handwerklichen Nachwuchses im Rahmen von Kursen, auf der Betriebsberatung sowie im Ausstellungs- und Wettbewerbswesen, das herausragende Gestalter fördern soll.

Thonet-Schaukelliege

Gestaltungsreform als Innovationsprozess

Überblickt man die gesamte Entwicklung der handwerklichen Produktgestaltung in der Industriegesellschaft, ist ihr Charakter als Innovation leicht zu erkennen.

Die Forderungen der Gestaltungsreformer firmierten unter dem Leitbegriff der Qualität und umfassten den Gestaltungs- und Produktionsprozess, die Vermarktung ebenso wie die kulturellen Dimensionen der Warenwelt und – unter den Schlagworten Werk- und Materialgerechtigkeit – sogar moralische Werte. Ziel war die Entwicklung von Ausdrucksformen, die den Bedingungen und Ansprüchen der modernen Gesellschaft entsprachen. Insofern handelte es sich um eine Innovation nicht nur in ökonomischer Hinsicht.

Als Propagandisten der Innovation sind die Gestaltungsreformer aus Handwerk, Industrie, Architektur, Kunst und Politik zu sehen, die sich um den 1907 geschaffenen DWB sammelten. Im Laufe der 1920er Jahre erweiterte sich der Kreis der Innovatoren, jener Pioniere also, die versuchten, die neuen Qualitätsansprüche umzusetzen. In der Zeit der NS-Diktatur wurde das Handwerk auf vermeintliche Traditionen zurückgeworfen und teilweise politisch instrumentalisiert. Hier wurde die Annahme der Neuerungen gehemmt. Die Innovation verblieb im kleineren Kreis einzelner Betriebe und eines eingeschränkten Marktes.

Nach 1945/49 erwachte die Bewegung der Innovatoren erneut und konnte politischen Rückhalt in Bund und Ländern sowie in Wirtschaftsverbänden gewinnen. Flankiert und gefördert von einer eigenen Gestaltungspolitik, teilweise in Verbindung mit den Innovatoren im DWB, breiteten sich die Reformkonzepte im Handwerk seit der zweiten Hälfte der 1950er Jahre rasch aus. Die prosperierende Konsumgesellschaft schuf dem Angebot einer gehobenen handwerklichen Produktion günstige Rahmenbedingungen. Die Konkurrenz des mächtig auftretenden Industriedesigns beflügelte auch die Bemühungen im Handwerk – was im Übrigen dafür sorgte, dass die Industrie lange Zeit ihren Designer-Nachwuchs zum größten Teil aus Handwerkskreisen beziehen konnte.

Die Geschichte der Gestaltungsinnovation im Handwerk kann also in drei Phasen gesehen werden: die Neuerung um 1900, die allmähliche Annahme während der ersten drei Jahrzehnte des 20. Jahrhunderts und während der ersten Wiederaufbaujahre nach 1945, sowie die Verbreitung (Diffusion) etwa seit Mitte der 1950er Jahre.

Handwerkliche Gestaltung hat sich damit bis heute in unserer durchtechnisierten Gesellschaft, die einen wachsenden Anteil ihrer Zeit im Cyberspace verbringt, einen hohen Stellenwert bewahrt.

Literatur

Joan Campbell, Der Deutsche Werkbund 1907-1934, München 1989.

Peter Kallen, Unter dem Banner der Sachlichkeit. Studien zum Verhältnis von Kunst und Industrie am Beginn des 20. Jahrhunderts. Mit einem Quellenanhang, Köln 1987.

Christopher Oestereich, »Gute Form« im Wiederaufbau. Zur Geschichte der Produktgestaltung in Westdeutschland nach 1945, Berlin 2000.

Nikolaus Pevsner, Wegbereiter moderner Formgebung von Morris bis Gropius, Köln 1983.

J. Adolf Schmoll gen. Eisenwerth, Von der Goethezeit bis zum Art Nouveau: Fakten und Stimmen zur „Dauerkrise" des Kunstgewerbes zwischen technischem Fortschritt, künstlerischem Niedergang und neuer Kreativität, in: Wolfgang Drost (Hrsg.), Fortschrittsglaube und Dekadenzbewußtsein im Europa des 19. Jahrhunderts. Literatur, Kunst, Kunstgeschichte, Heidelberg, 1986, S. 275-287.

Gert Selle, Geschichte des Design in Deutschland, Frankfurt am Main/New York 1994.

Werner Sombart, Der moderne Kapitalismus, München 1916/1927, Nachdruck ebd. 1987.

Heinrich Waentig, Wirtschaft und Kunst. Eine Untersuchung über Geschichte und Theorie der modernen Kunstgewerbebewegung, Jena 1909.

Rainer K. Wick, Bauhaus-Pädagogik. 4., überarb. u. aktualisierte Aufl. Köln 1994.

Hans M. Wingler, Das Bauhaus 1919-1933. Weimar, Dessau, Berlin und die Nachfolge in Chicago seit 1937, 4. Aufl. Köln 2002.

Autorinnen und Autoren

Udo Albrecht, Dipl.-Physiker, geb. 1968, bis 1995 Studium der Physik an der TU Darmstadt, seit 1996 Mitarbeiter der Handwerkskammer Koblenz und im Laserzentrum der HwK Koblenz tätig. Seit 2001 Mitarbeit und technische Leitung im BiBB-Projekt „Neubau des Kompetenzzentrums für Gestaltung, Fertigung und Kommunikation der Handwerkskammer Koblenz". Unterrichtskonzepte und Durchführung von Lehrgängen zur Medientechnik und Mediengestaltung. Weitere Aufgabenfelder bei der HwK Koblenz: Technologieberatung, Technologietransfer, neue Technologien, Medientechnik, Projektplanung.

Jörg Diester, geb. 1968, in der DDR Ausbildung zum Schiffsbetriebsschlosser mit Abitur, Studium des Maschinenbaus und zeitgleich journalistische Tätigkeit, die 1993 zur Mitarbeit in der Pressestelle der Handwerkskammer Koblenz führt. Seit mehreren Jahren deren Leiter. Aufgrund dieser Tätigkeit regelmäßige Kontakte zu den Betrieben im Kammerbezirk und damit einer der Kenner der handwerklichen Hightech-Produktion im nördlichen Rheinland-Pfalz.

Dr.-Ing. Friedhelm Fischer, geb. 1954, Ausbildung zum Maschinenbauschlosser und staatlich geprüften Techniker. Studium des Maschinenbaus an der Rheinischen Fachhochschule Köln und der Rheinisch-Westfälischen Technischen Hochschule Aachen. Von 1984 bis 1989 wissenschaftlicher Mitarbeiter am Institut für Maschinenelemente und Maschinengestaltung der RWTH Aachen und Lehrbeauftragter an der FH Aachen. Zu dieser Zeit Einsatz in der Lehre und Projektleiter in verschiedenen Forschungsprojekten. 1989 Promotion zum dynamischen Betriebsverhalten von Riemengetrieben. Seit 1989 Leiter des Metall- und Technologiezentrums der Handwerkskammer Koblenz. Mitarbeit in verschiedenen Beiräten der Landesregierung und weiteren bundesweiten Gremien sowie seit 1993 Lehrbeauftragter an der Fachhochschule Koblenz.

Irmgard Frank, Dipl.-Volkswirtin, Dipl.-Betriebswirtin, geb. 1951, Studium der Volkswirtschaftslehre, Soziologie und Betriebswirtschaftslehre an der Freien Universität und der Fachhochschule für Wirtschaft in Berlin, Studium der Sozialwissenschaften an der Fernuniversität Hagen, Ausbildung als Groß- und Außenhandelskauffrau. Von 1977 bis 1979 wissenschaftliche Mitarbeiterin bei der Stiftung Warentest, Berlin. Seit 1979 als Wissenschaftlerin im Bundesinstitut für Berufsbildung tätig, Schwerpunkte Forschung und Entwicklung im Bereich der Medien, in der Ausbilderqualifizierung, im Prüfungswesen und im Ordnungsbereich. Leitung der Abteilung Struktur und Ordnung der Berufsbildung der beruflichen Bildung. Umfangreiche Publikationen in den verschiedenen Bereichen.

Prof. Dr. rer. pol. Friedrich-Hubert Esser, Ausbildung im Bäckerhandwerk, Studium der Wirtschaftswissenschaften an der TU Braunschweig sowie der Betriebswirtschaftslehre und Wirtschaftspädagogik an der Universität zu Köln. Assistent am Institut für Berufs-, Wirtschafts- und Sozialpädagogik der Universität zu Köln, Referent und wissenschaftlicher Geschäftsführer am Forschungsinstitut für Berufsbildung im Handwerk an der Universität zu Köln (FBH), stellvertretender Direktor des FBH. Seit 1998 Lehrbeauftragter an der Wirtschafts- und Sozialwissenschaftlichen Fakultät der Universität zu Köln. Seit Januar 2005 Leiter der Abteilung Berufliche Bildung im Deutschen Handwerkskammertag. Forschungs- und Arbeitsschwerpunkte: Berufs- und Qualifikationsforschung, Politikberatung, Europäische Berufsbildung, Entrepreneurship-Education, Herausgeber und Autor handwerkswissenschaftlicher Schriften, Dozent und Prüfer in Weiterbildungsmaßnahmen des Handwerks.

Petra Habrock-Henrich, M.A., geb. 1958, Studium der Geschichte, Germanistik und Politikwissenschaft an der Universität Hamburg. 1983/84 Wissenschaftliche Mitarbeiterin an der Universität Gießen. 1985 bis 1987 Tätigkeit im Stadtarchiv Koblenz. Seit 2002 freie wissenschaftliche Mitarbeiterin im Landesmuseum Koblenz. Freie Autorin, Veröffentlichungen zur Handwerksgeschichte, Stadt-, Frauen- und Migrationsgeschichte. Wissenschaftliche Mitarbeiterin beim Ausstellungsprojekt „Meisterschaft! Handwerk und Hightech" am Landesmuseum Koblenz.

Dr. rer. pol. Beate Kramer, wirtschaftswissenschaftliches Studium an der Universität zu Köln, Abschluss zur Diplom-Handelslehrerin 1976. Referendariat an der Städtischen Kaufmännischen Berufschule in Duisburg-Hamborn, Zweite Staatsprüfung für das Lehramt an berufsbildenden Schulen 1978. Assistentin am Lehrstuhl für Wirtschafts- und Berufspädagogik an der Universität zu Köln bis 1986, seit 1987 bei der Zentralstelle für die Weiterbildung im Handwerk in Düsseldorf als Abteilungsleiterin für Produkte und Projekte. Arbeitsschwerpunkte: Entwicklung von Lehrgangskonzepten und Medien für Präsenz- und Blended-Learning-Maßnahmen, Leitung von Projekten in der Berufsbildung im Handwerk.

Bernd Kütscher, Bäckermeister, geb. 1968, Bäcker- und Konditormeister sowie Betriebswirt. Zunächst 13 Jahre lang in Mendig selbständig, ausgezeichnet u. a. mit dem Unternehmerpreis der Backbranche, dem Internetpreis des Deutschen Handwerks, dem Marketingpreis des Deutschen Handwerks und vier mal mit dem „Stollen-Oskar". Seit 2003 zunächst als Unternehmensberater für Backbetriebe u. a. in China und den USA tätig, anschließend Leiter für Marketing und Expansion bei der Großbäckerei „Die Lohner's" in Polch. Seit April 2006 Direktor der Bundesfachschule des Deutschen Bäckerhandwerks in Weinheim.

Dr. jur. Jörg Liegmann, Rechtswissenschaftliches Studium an der Universität Regensburg, anschließend Tätigkeit als Rechtsanwalt, seit 2001 Wissenschaftlicher Mitarbeiter am Ludwig-Fröhler-Institut für Handwerkswissenschaften, München. Veröffentlichungen unter anderem zu Handwerksfragen.

Barbara Lorig, Diplompädagogin, geb. 1978, Studium der Diplompädagogik (Schwerpunkt Erwachsenenbildung) an den Universitäten Trier und Mainz. 2004 bis 2005 konzeptionelle Mitarbeit im LOS-Projekt „Offener Frauentreff" des Zentrums für wissenschaftliche Weiterbildung der Universität Mainz. Ab 2005 als wissenschaftliche Mitarbeiterin im Bundesinstitut für Berufsbildung, Arbeitsbereich „Qualitätsstandards, Zertifizierungen, Prüfungen" tätig. Publikation zum Thema Bildungsberatung und Qualitätsentwicklung im Kontext der beruflichen Bildung.

Dr. rer. pol. Klaus Müller, Dipl.-Volkswirt, geb. 1952, Studium der Volks- und Betriebswirtschaftslehre an den Universitäten in Göttingen und Würzburg, 1977 Prüfung zum Dipl. Volkswirt, 1978 wissenschaftlicher Angestellter am Seminar für Handwerkswesen an der Universität Göttingen, 1985 Promotion, 1999 Geschäftsführer des Seminars für Handwerkswesen (2006 umbenannt in: Volkswirtschaftliches Institut für Mittelstand und Handwerk an der Universität Göttingen), Forschungsschwerpunkte Strukturfragen der Klein- und Mittelbetriebe und des Handwerks, Handwerk und Außenwirtschaft, Existenzgründungen im Handwerk.

Dr. Heino Nau, Studium der Rechts-, Wirtschaftswissenschaften, Geschichte und Philosophie, 1990 bis 2004 für zahlreiche Forschungsorganisationen im In- und Ausland tätig, seit 2004 bei der Europäischen Kommission für den Bereich Mittelstandspolitik zuständig.

Dr. phil. Christopher Oestereich, geb. 1967, Studium der Geschichte und der Volkswirtschaftslehre in Trier und Köln. Seit 1998 tätig als Wissenschaftlicher Mitarbeiter, Ausstellungskurator und Museumspädagoge an Museen unter anderem im Rheinland, in Berlin und Nürnberg, Mitarbeiter beim Ausstellungsprojekt „Meisterschaft! Handwerk und Hightech" am Landesmuseum Koblenz. Veröffentlichungen zur Kultur-, Wirtschafts- und Technikgeschichte.

Brigitte Schmutzler, M.A., geb. 1950, Studium der Germanistik, Soziologie und Volkskunde an den Universitäten Mainz und Göttingen. Von 1977 bis 1982 wissenschaftliche Mitarbeiterin an einem DFG Projekt zur Erforschung des Leseverhaltens bei Jugendlichen, seit 1988 im Landesmuseum Koblenz tätig. Kuratorin für zahlreiche Sonderausstellungen, die archäologische Dauerausstellung, verantwortlich für die Sonderausstellung „Meisterschaft!" und die Neueinrichtung der technischen Dauerausstellung. Vorstandsmitglied beim Museumsverband Rheinland-Pfalz. Publikationen zur Kulturgeschichte.

Rangel Tcholakov, geb. 1948, Ingenieur. 1970 bis 1998 tätig im Energiesektor. 1991 bis 1998 Vorsitzender der bulgarischen Bäcker- und Konditoren-Vereinigung. Seit 1998 Vorsitzender der Nationalen Handwerkskammer Bulgarien. Mitglied in verschiedenen Gremien für Mittelstandspolitik in Bulgarien, in Deutschland und auf EU-Ebene.

Prof. Dr. rer. pol. Martin Twardy, geb. 1940, Dipl.-Hdl. Seit 1979 Ordinarius für Wirtschafts- und Sozialpädagogik der Universität zu Köln. Direktor des Instituts für Berufs-, Wirtschafts- und Sozialpädagogik der Universität zu Köln und des Forschungsinstituts für Berufsbildung im Handwerk an der Universität zu Köln. Herausgeber der Schriftenreihe „Berufsbildung im Handwerk" und Mitherausgeber der Reihe „Wirtschafts-, Berufs- und Sozialpädagogischer Texte".

Abbildungsnachweis

Trotz aller Bemühungen gelang es nicht, für jedes Bild den Fotografen/die Fotografin ausfindig zu machen. Bei etwaigen Ansprüchen wird um Mitteilung an die Herausgeber gebeten.

Adam & Stoffel 88, 89, Umschlagseite 4
Atelier Metallformen 94, 95
Avanti – Krah & Oberbeck, Raum- und Objektausstattungs GmbH 98, 99
Bauhaus-Archiv Berlin 201, 202, 203, (Foto Louis Held:) 200 unten
Bundesinstitut für Berufsbildung 81
Wolfgang Ballweg (Foto Landesmuseum Koblenz, Janina Schmidt) 30
Bugatti Automobiles S.A.S. 130
Carbo Systems GmbH 102, 103
Fuhrländer AG 150
Goldschmiede Aurifex 108, 109
Handwerkskammer Koblenz 9 links, 49, 52, 56, 57, 64, 71, 72, 76, 78, 80, 84, 91, 104 oben, 112, 113, 116, 117, 128, 152, 155, 156, 160, 163, 164, 165, 170, 175, 176, 177, 183, 184, (Foto Udo Albrecht:) 190, (Fotos Werner Baumann:) Umschlagseite 1, 126, 179, (Foto Focus:) 54, (Fotos Godehard Juraschek:) 46, 68,
(Fotos Hannes Kober:) 90, 100, 101, 104 mitte/unten, 105, 106, 107, 110, 111, 114, 115, 120 oben, 121, 122, 125, 127, 129, 131, 134, 135, 136
(Foto Herbert Piel:) 9 rechts
Kreismedienzentrum Bad Kreuznach 33
Kreismedienzentrum Neuwied, Archiv Kupfer 32, 37 unten
Kryostat und Detektor Technik Thomas 181, 182
Landesmuseum Koblenz (Fotos Michael Jordan:) 7, 20, 21, 22, 23, 27, 204, (Fotos Michael Krampitz:) 24, 25, 26, 28, 29, 205, (Foto Janina Schmidt:) 18
Die Lohner's 166, 168, 169
Lubberich Dental-Labor GmbH 193
Matten Feuerstellen 118, 119
Petra Minn 140, (und Christopher Oestereich, nach einer Vorlage der Handwerkskammer Koblenz:) 87
Munsch Chemie-Pumpen GmbH 174
Munsch Kunststoff-Schweißtechnik GmbH 120 unten
Bernd Munsteiner 97
Jutta Munsteiner 96
Orthopädietechnik Jäger GmbH 123
Sammlung De Rentiis 200 oben
Christoph Rieser 124, 191
Anton Rosenbaum – Holzbau 92, 93
Staatskanzlei Rheinland-Pfalz 5
Stadtarchiv Koblenz 35, 36, 37 oben
Stoffel Design 132, 133
TE-KO-WE GmbH 178
Tischlerei Sommer 137
Martin Wolf, Sammlung Heinrich Wolf 40

Zum Gelingen dieses Bandes haben beigetragen:

Werner Baumann
Thomas Brenner
Jörg Diester
Bernward Eckgold
Markus Gaida
Petra Habrock-Henrich
Beate Holewa
Michael Jordan
Hannes Kober
Michael Krampitz
Kreismedienzentren Bad Kreuznach und Neuwied
Petra Minn
Prisca Mummenhoff
Christopher Oestereich
Evelina Parvanova
Herbert Piel
Janina Schmidt
Cornelia Schmitz-Groll
Brigitte Schmutzler
Universität Bremen/DFKI
Ruth Weidmann

Die Autoren und Autorinnen
sowie die vorgestellten Betriebe